姑苏

Urban Regeneration
in Suzhou

行走

贺宇晨 著

城市更新

琢玉苏州

苏州大学出版社
Soochow University Press

图书在版编目（CIP）数据

行走姑苏：城市更新　琢玉苏州／贺宇晨著. —
苏州：苏州大学出版社,2022.10
ISBN 978-7-5672-4082-7

Ⅰ.①行… Ⅱ.①贺… Ⅲ.①古城—保护—研究—苏
州②城市规划—研究—苏州　Ⅳ.①TU984.253.3

中国版本图书馆 CIP 数据核字（2022）第 185546 号

书　　　名：行走姑苏：城市更新　琢玉苏州
　　　　　　XINGZOU GUSU
　　　　　　CHENGSHI GENGXIN ZHUOYU SUZHOU
著　　　者：贺宇晨
责任编辑：王　亮
装帧设计：吴　钰
出版发行：苏州大学出版社（Soochow University Press）
社　　　址：苏州市十梓街 1 号　邮编：215006
印　　　装：苏州工业园区美柯乐制版印务有限责任公司
网　　　址：http://www.sudapress.com
邮购热线：0512-67480030
销售热线：0512-67481020
开　　　本：787 mm×1 092 mm　1/16　印张：15　字数：261 千
版　　　次：2022 年 10 月第 1 版
印　　　次：2022 年 10 月第 1 次印刷
书　　　号：ISBN 978-7-5672-4082-7
定　　　价：128.00 元

凡购本社图书发现印装错误,请与本社联系调换。
服务热线：0512-67481020
苏州大学出版社邮箱　sdcbs@suda.edu.cn

序　言

用脚步丈量古城，让人们爱上姑苏

我和宇晨有缘，早在20世纪90年代，我们就在苏州高新区共事，虽不是同一部门，但也多有交集。2020年，我回到高新区工作时，宇晨正担任苏高新集团董事长，他勤于思考、勇于创新、敏于落实的工作作风给我留下了深刻印象。我来到苏州国家历史文化名城保护区、姑苏区工作后，希望保护区、姑苏区的国企能够借鉴苏州工业园区、苏州高新区国企在开发建设、投资运营方面的经验，走出一条国资引领古城保护的发展新路径，第一时间就想到了宇晨。很幸运，组织上安排他来到姑苏区工作，开启了我们的第三次合作。

宇晨是土生土长的苏州人，对古城、园林以及苏州传统文化都做过不少研究。从剑桥留学归来后，对中外城市的规划建设有了更深入的思考，在工作之余先后撰写出版了《行走剑桥》《行走苏州园林》2部作品。今年适逢苏州获批国家历史文化名城40周年，也是保护区、姑苏区成立10周年。他提出撰写《行走姑苏》的想法，我很支持。上半年在参与国企改革、疫情防控等工作的间隙，他广泛搜集资料，思考古城保护更新工作，完成了《行走姑苏》这部佳作。

在本书中，宇晨从"鱼米之乡"的城域讲起，介绍古城居中、四向新城、四角山水的"米"字形城区格局；从古城的建筑风貌与人文底蕴讲起，分析这一区域所做出的历史贡献和面临的现实挑战；从千年不动的城址与持续渐进的更新讲起，阐述这些年来的古城保护与城市更新工作。作为全国第一批24个历史文化名城之一，苏州在快速城镇化的进程中，始终坚持古城整体保护，比较完整地传承了2536年的城市记忆与文化遗存。同时，在快速发展中，全市常住人口城镇化率已经达到81.72%，进入存量时代；而古城，更加需要城市更新这把解题的钥匙。

　　"2 536"与"81.72%"两个关键数字交会，"历史文化名城保护"与"城市更新试点"两个核心任务叠加，就形成了"古城之问"，即作为全国首个也是目前唯一一个国家历史文化名城保护区，姑苏区该如何统筹实现古城的保护与更新，形成示范引领的保护更新政策体系与实践模式？实际上，这是一个关于"古城复兴"的宏大命题，既是保护区、姑苏区与生俱来的职责使命，也是包括我在内的保护区、姑苏区广大党员干部一直思索探究和奋力书写的时代答卷。

　　过去40年，苏州的古城保护工作取得了举世瞩目的成绩，尤其是新时代的10年，伴随着三区合并，保护区、姑苏区成立，古城整体保护、全面保护的非凡历程掀开了崭新一页，获得了诸多国家级乃至世界级的荣誉：获评中国首个"李光耀世界城市奖"，成为运河沿线唯一以"古城概念"申遗的城市，被授予全球首个"世界遗产典范城市"称号。姑苏区名列"中国文化建设百佳县市"榜单首位，成功创建"国家古城旅游示范区""中国商旅文产业发展示范区"等。

　　近年来，我们怀着"敬畏历史、敬畏文化、敬畏生态"的信念与情感，站在前人的肩膀上，围绕"一中心、两高地、一典范"（做优行政和文商旅中心，做强教育医疗高地、科技创意高地，做精苏式生活典范）的发展定位，加压奋进，分步实施一年冲刺、三年行动计划，力求把姑苏古城这个最能代表江南文化精神内涵，最能体现城市软实力，也最能吸引世界各地对苏州向往的地方保护好、传承好、发展好。

　　古城的保护更新是一项系统性工程，不可能一蹴而就，更不是敲锣打鼓、顺顺当当就能实现的。虽然我们一届任期仅有5年，还不到姑苏古城2 500多年悠长岁月的千分之二，也全然不足以完成保护更新这项伟大事业，但是我们坚信，功成不必在我，功力必不唐捐。我们将为之付出百分之百的热忱和努力，一张蓝图绘到底，一任接着一任干，绵绵发力、久久为功，誓要将未来的姑苏古城打造成世界一流的历史文化名城、"江南文化"的强大内核和"诗与当下"兼具的人间天堂，努力贡献面向未来、面向世界的古城保护苏州方案。

　　我们希望，在不久的将来，当人们行走在姑苏，身之所处是"一河一巷尽入画，一街一坊皆盛景"的水墨江南，目之所及是"食四时之鲜、居园林之秀、听昆曲之雅、用苏工之美"的苏式生活典范，心之所安是"幼有所育、学有所教、劳有所得、病有所医、老有所养、住有所居、弱有所扶"的幸福图景。

我们希望，在不久的将来，当人们行走在姑苏，美无处不在。

是以为序，谨贺付梓。

2022 年 10 月 1 日

前　言

　　新城区、产业开发区、科技园区，好似铺开八尺宣纸，浓墨重彩：这里中锋勾勒核心片区，那里侧锋描绘产业园区，这里点染一条条绿荫宽道，那里着色一幢幢现代住宅……大块面、大写意，大开大合，尽情挥洒创意与灵感。

　　古城区、旧城区、历史文化城区，或年代久远，或风姿独特，但大多有一个关键词——存量。存量时代，没有大幅的宣纸、空白的蓝图可以泼墨大写意了。甚至也很难将其比喻成创作一幅工笔画，因为工笔虽然细致入微，但毕竟也是从无到有的过程。思来想去，这类存量城区的更新，更像是一个玉石雕刻的过程：需要精心设计、精密加工，因为对于历史的遗珍，一定得谨慎，如同玉雕，一刀刻错就是补不回来的遗憾。实施起来，更是慢工出细活，反复琢磨，方成精品。

　　写意山水，看似可以随意发挥，但难的是布局控制，难的是形神兼备。有些城市的新城区成了睡城、空城，有些开发区环境承受度已近极值……当然，在我国快速城市化进程中，绝大多数新城区的发展已经探索出成功模式，一批布局合理、产城融合的新城区、产业开发区、科技园区，作为城市发展的增量，为区域经济发展做出了重要贡献。

　　琢玉成器，更难。"琢磨虹气在，拂拭水容生"，需要精巧、需要时间、需要耐心。有些城市的旧城区完全改作新城，没有留下历史之脉；有些城市完全撤出古城居民，没有留下活力之源……但是，我们又必须直面这个难题：随着城市化进程，2021 年我国的城市化率达到 64.7%，越来越多的城市从增量时代进入了存量时代。

　　根据中国社科院《人口与劳动绿皮书》，2035 年后我国将进入一个相对稳定的发展阶段，城镇化率的峰值大概率会出现在 75%～80%。也就是说，2035 之前，仍是城镇化率的增长期。2021 年，《政府工作报告》和"十四五"规划中都

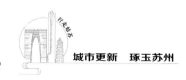

提出要"实施城市更新行动"。"城市更新"首次被写入政府工作报告和五年规划。

城市更新，不仅是空间的、形态的更新，更是迈入了内容更新的时代，正在发生从"量"到"质"的根本性变化。而古城区、旧城区、历史文化城区的城市更新，是各个城市面临的共性课题。很多城市已经在实践、探索中取得了良好效果。

2022 年，我们考虑选取一个古城，对其保护与更新工作进行一次系统性梳理。每个城市都有独特的历史背景、规划特色和人文底蕴。而我们最后选取苏州，基于两个方面原因：

一是苏州已经进入城市化的后半程，常住人口城镇化率高，经济发展强劲，建设用地稀缺。苏州的市区范围内，亟须大力推进城市更新。

二是作为全国首批 24 个历史文化名城之一，苏州古城风貌保留相对完整，并得到了广泛肯定。古城拥有大量文控保建筑和一批非物质文化遗产，必须继续做好保护与传承工作。

本书用八个章节、两段逻辑线记录城市更新工作：

前四章讲城市。地理范围从大至小：第一章简单介绍整个苏州大市的情况；第二章分析苏州市区"米"字形格局中，四个方向五个新城区的发展；第三章讲述苏州城市发展的原点，特别是古城保护的特点、古城更新的难点；第四章通过城市更新理论与案例，特别是历史文化古城的相关内容，提出如何在历史文化城区进行城市更新这一"古城之问"。

后四章讲更新。时间轴线由古至今：第五章记述苏州建城 2 536 年以来城址未动，整个古城一直在进行着有机生长、不断更新；第六章阐述 40 年来苏州市对于古城保护的探索与实践；第七章重点介绍当前苏州市、姑苏区关于古城保护更新的方略、机制、举措、实践；第八章畅想古城更新的未来愿景，从而提炼出城市更新的"苏州之答"。

讲到古城更新如同琢玉，不能不提苏工玉作。明清时期的苏州古城内，培养了陆子冈等玉作大师，专诸巷、周王庙弄、宝林寺前、剪金桥巷等街巷，玉器作坊鳞次栉比，车玉声不断。如今，苏工玉作依然佳作频出，一批名匠活跃在古城内外。

古城是一块美玉。琢玉姑苏，现在开始……

目　录

上 阙

城市·古城之问

第一章

三餐四季，浅尝苏州市域的风味

春·桃花树下桃花仙

夏·网师沧浪荷田田

秋·拙政狮林桂入酿

冬·香雪海中梅傲寒

引子　大城

城市更新——先谈城市，再论更新。

不过，苏州这座城市，谈起来颇费笔墨：

首先，苏州建城已经 2 536 年。

历史一长，唐宋名人名篇就纷至沓来，明清状元更是一抓一大把。

历史一长，故事太多，一讲起来就刹不住车，从吴越争霸开始，正史八卦齐飞，哪个段落都可以用评书评话、长篇弹词说个一年、唱个半载。

历史一长，文化积淀就层层叠叠，各类书画典籍洋洋洒洒，各种苏作手工艺林林总总。

历史一长，建筑遗存就多，苏州的园林又极具辨识度，是公认的文化遗产。

再加上经济发展、社会结构、本土特产、诗词歌赋……哪个都值得鸿篇大论一番。即使是找一个小的切口，都得来个丛书形式，写上几本方能收笔。收笔了，可能还不尽兴。

加之改革开放以来，苏州的经济社会发展走出了一条具有自身特色之路。根据《2021 年苏州市国民经济和社会发展统计公报》①：2021 年，苏州实现地区生产总值 22 718.3 亿元，全市规模以上工业总产值突破 4 万亿元，全年货物进出口总额 25 332 亿元，实际使用外资 69.9 亿美元，全年实现一般公共预算收入 2 510 亿元，全市常住人口 1 284.78 万人。从乡镇经济发力、开发区探索，到外向型经济发展、产业集群蓬勃兴起……必须再来一套丛书！

难谈，才更须谈。

讲一座城市的更新，就必须先讲讲这座城市。即便不能述尽城市的方方面面，至少要罗列这座城市的几个客观特点，描述对于这座城市的主观感受。如果脱离这些宏观又具象的内容，一上来就大谈城市更新，会像一部没有历史背景的架空小说，让人无法产生代入感。

城市特点还算容易归纳；但这城市感受，则是个千人千面的话题：

---

① 苏州市统计局：《2021 年苏州市国民经济和社会发展统计公报》，发布日期：2022 年 4 月 1 日。

在匆匆游客眼里，可能专注于古典园林的精雅、昆曲评弹的悠扬；在本地人眼里，更关注城市交通道路的畅通、菜场超市的布局；在外来务工人员眼中，关心的是有没有就业机会，以及各项基础保障；在投资者眼中，最直观的是这个城市的服务效率、产业链的支撑体系⋯⋯

所以，在这里我们不妨换个思路：

请跟着笔者，从苏州最具特色的场景——苏州园林出发，走出古城，看看围绕古城的山山水水（图 1-1）。

让我们细细品尝一下当地的美食，直白地用味蕾，来感受一下苏州这座城市的风味。

圖 府 州 蘇

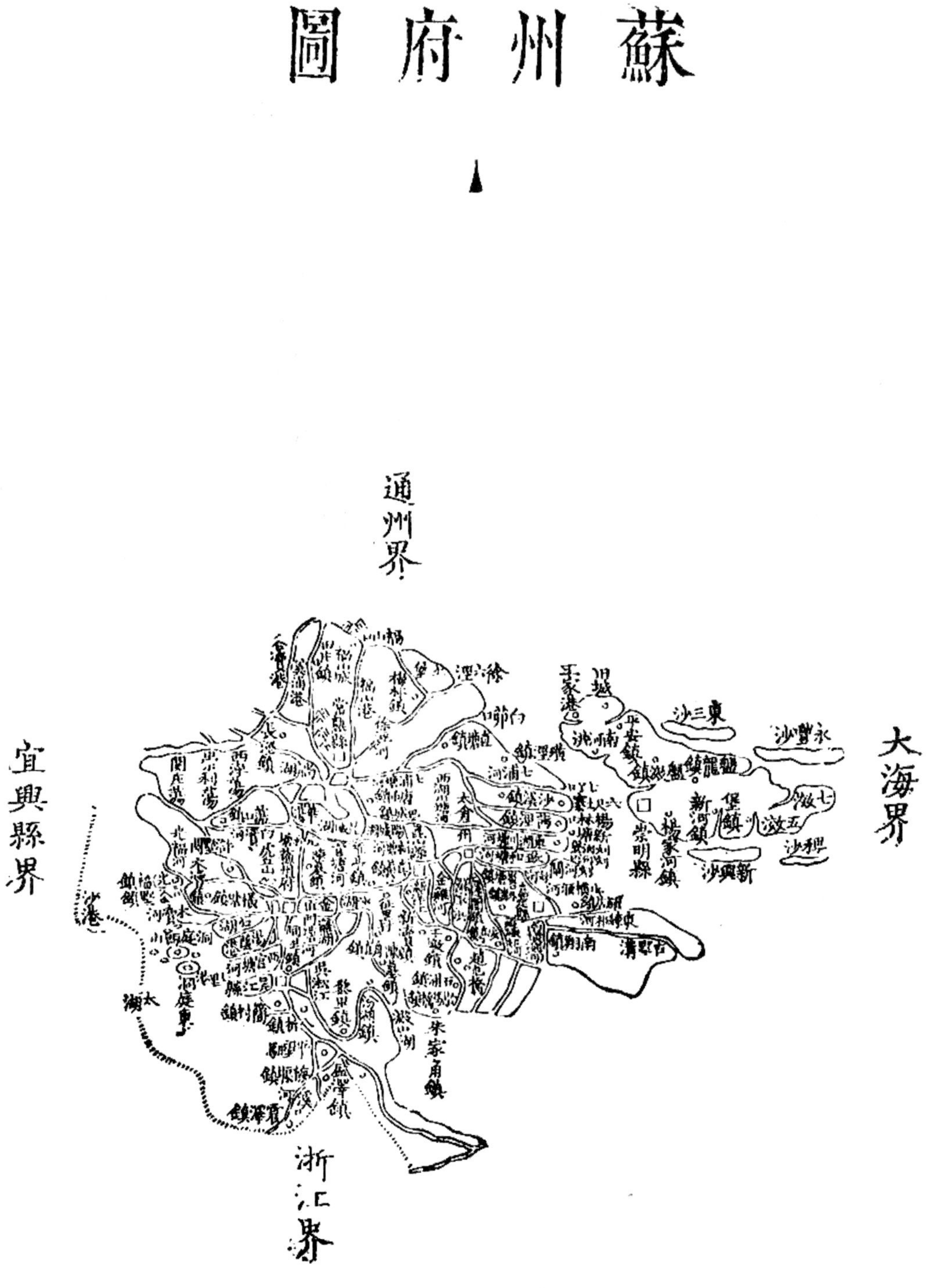

图 1-1 古代苏州①

---

① 〔清〕蒋廷锡：《康熙内府分省分府图》第二册第 3 幅，民国石印本。

第一节　春·桃花树下桃花仙

1

苏州的古城不大，14.2平方公里[①]。

即使加上古城西北的山塘、上塘两线，虎丘、西园留园、寒山寺三片，整个"苏州历史城区"，也只有19.2平方公里。

春日里的江南古城，处处生机盎然。

我们以古城的一纵一横两条主干道——人民路与干将路，把古城划分成四个区域。先看看西北片。这里，有几个极具代表性的园林，例如列入《世界文化遗产名录》的艺圃、环秀山庄。

艺圃始建于明代，一共占地5亩[②]，是典型的隐于深巷、非特意探寻不能得其所踪的小园林；环秀山庄更是只有3亩，但园内的半亩湖石假山代表了古典园林技艺——"叠山"的最高水准，是清代叠山大师戈裕良的作品。

明代计成，作为既善筑园又能著书的艺匠，在《园冶》中对于园林之春是这样描写的：

> 《闲居》曾赋，"芳草"应怜；扫径护兰芽，分香幽室；卷帘邀燕子，闲剪轻风。片片飞花，丝丝眠柳。寒生料峭，高架秋千，兴适清偏，怡情丘壑。顿开尘外想，拟入画中行。[③]

——让我们效法潘安吟咏《闲居赋》，应和屈原高唱芳草咏叹调。打扫着园中曲径，呵护着芝兰的嫩芽，好让幽雅居室中飘来阵阵清香；卷起竹帘邀来春燕，燕尾如同剪刀，优雅地裁剪着轻风。飞花片舞，眠柳丝垂。春寒依然料峭，秋千高高架起，清净幽远自有闲适雅兴，湖石丘壑令人心旷神怡。不由产生世外桃源的感觉，仿佛在山水画境之中穿行。

---

① 公里：千米的俗称。平方公里即平方千米。
② 亩：中国市制土地面积单位，1亩约合666.67平方米。
③ 〔明〕计成：《园冶》卷三《借景》，《喜咏轩丛书》本。

008

2

春花烂漫中，古代苏城最美的地方，桃花坞肯定能算一个。

这名字听起来就是风雅所在。在小巷深处，藏着一个清雅脱俗的苏州园林——桃花庵，园林中有学圃堂、寐歌斋、蛱蝶斋等建筑，至今双荷花池等遗迹犹存。明代江南四大才子之一的唐寅唐伯虎，在 36 岁时建了这个小园。

唐寅才华横溢，擅长诗文，与祝允明、文徵明、徐祯卿并称"江南四才子"（吴门四才子）；画名更著，与沈周、文徵明、仇英并称"吴门四家"，又称为"明四家"。当然，坊间更为津津乐道的，是他那玩世不恭的生活态度，以及"三笑点秋香"之类的传奇故事。

行走在桃花坞的桃花树下，仿佛仍能够看到唐寅与友人们，在这里饮酒赋诗，挥毫作画，肆意放歌：

> 桃花坞里桃花庵，桃花庵下桃花仙。桃花仙人种桃树，又折花枝当酒钱……世人笑我忒疯癫，我笑世人看不穿。记得五陵豪杰墓，无酒无花锄作田。

3

从桃花坞往西，出阊门，一拐弯就是山塘街。

这里是明清时商贾云集之地，也是苏州的美食街。饮食业更趋商业化，特别是在七里山塘，酒肆茶店鳞次栉比。乾隆年间，古城出现了第一家园林酒楼——山景园酒楼。清顾禄在《桐桥倚棹录》中记载，这家的主人搞差异化运营，把酒楼开到叠石疏泉、闲情雅致的园林中：

> 疏泉叠石，略具林亭之胜。亭曰"坐花醉月"，堂曰"勺水卷石之堂"。上有飞阁，接翠流舟，额曰"留仙"。联曰"莺花几㡪屐，鰕菜一扁舟"。又柱联曰"竹外山影，花间水香"。皆吴云书。左楼三楹，扁曰"一楼山向酒人青"。程振甲书，摘吴蔼次《饮虎丘酒楼》诗句也。右楼曰"涵翠""笔峰""白雪阳春阁"。冰盘牙箸，美酒精肴。①

---

① 〔清〕顾禄：《桐桥倚棹录》卷十《市廛》。

在这山水画境之中，菜品肯定不能太朴素。餐桌上，一块酱汁肉跳入了我们的视野。这是在苏州的春天里必须有的"樱桃汁肉"。

樱桃汁肉那鲜艳红色是红曲米的功劳，红色的肉面上被割出小块，分而不断，吸收了浓浓的"苏州甜"卤汁，下边衬点绿叶菜，红绿搭配，看着就让人食指大动。

不过，这好看又好吃的樱桃汁肉是时令菜，只来春天的古城走个秀；到了夏天，荷叶粉蒸肉上场，走的是小鲜肉、小清新的路线；秋冬则是梅干菜肉、蜜汁火方或是酱方，口口酥软鲜香。

这就是苏州的本帮菜品最显著的特点：不时不食。

不时不食，换句话说是"据时而食"。亚热带季风性气候四季分明的特点给吴地人带来的感受强烈，也自然而然地反映在四季菜肴之中。四时八节的吴地民俗活动，都能与当季美食找到契合点，频频互动。再加上作为鱼米之乡，苏州的稻作农业和水产资源发达，本地的鱼鲜、蔬菜、水果和水生作物非常丰富，自然就有了讲究时令和新鲜的底气。

当然，不时不食，一方面充分说明当地物产丰盈，另一方面其实也说明古代冷藏技术不过关，只能吃当季菜。

苏州方言温婉含蓄，把一众点心叫作"小吃"，把各种菜肴叫作"小菜"。悠游山塘，不来点儿"小吃""小菜"尝尝，岂不是辜负了这大好春光？

苏州古城真的不大，20世纪七八十年代，在古城内仍有少量的菜田。菜花盛开的时候，湖荡中的甲鱼肉质结实，最为鲜美滋补，被称为"菜花甲鱼"。菜花甲鱼无论是蒸、炒、焖、炖，都是一道时令佳肴，一道让人大快朵颐的"小菜"。

4

七里山塘，向着西北方向延伸，终点就是虎丘。

虎丘云岩寺毕竟是禅寺，再讲樱桃汁肉、甲鱼汤就不合适了。春天上山，正好可以尝一尝虎丘后山种的春茶。

春分至谷雨，除了虎丘外，吴地的一众山丘，大多有新茶可采摘。当然知名度最高的，是太湖边的"洞庭碧螺春"。

以清明节为界，节前采制的"明前茶"最好。原因很简单，都是刚刚长出的嫩芽，从采摘到炒制都不容易，一斤①茶据说要采六七万个嫩芽尖。茶叶形状纤细，卷曲成螺，还遍布白色的茸毛。苏州话中，这茶还有个土名，叫作"吓煞人香"。

苏州本地人喝茶，其实不太纠结茶道茶艺。随手找个杯子一冲，碧绿嫩芽立刻带着白毫在杯中肆意翻滚，浓郁香气也随着漫溢而至。看着绿毫银针在水中舞够了，轻轻吹散杯口的氤氲热气，啜上一小口，滋味鲜醇，隐隐还有些发甜。一杯茶的时间，便将疲惫的心情，暂且放逐于空灵。

年轻人去城外的虎丘踏青了，让我们把镜头拉回到古城之内，小巷之中：

老人们拉几把旧藤椅，在院子里随便哪个角落一坐，捧着杯热茶，晒着初春软软的太阳，听听隔壁酒家传来的评弹，有搭没搭地说上几句家常。而喵星人早就一声不吭地趴在墙头，打起了瞌睡……

这时，适合来几个和寒食节相关的青团子。明代高濂在《遵生八笺》中记录"今俗以夹麦青草捣汁，和糯米作青粉团，乌桕叶染乌饭作糕"②。这青团子外观碧绿生青，诱人啊诱人，顾不上烫手，从笼屉中拿起来就是一口，糯米香、赤豆香、艾叶香混在一起，甜甜糯糯的中间，必定有一小块水晶般的猪油，肥而不腻，压舌生香。

5

吃饱喝足，春天里活动多多，"轧神仙"就是其中之一。农历四月十四日，虽然农历上已经是立夏节气，但江南还是春意浓浓，并没有夏日的炎热。抓住春天的尾巴，搞个热热闹闹的庙会市集。

苏州话"轧"相当于"挤"，常说的"轧闹猛"就是挤热闹，"轧神仙"就是去挤神仙。究竟是哪一位神仙有这么大号召力呢？民间传说，八仙之一的吕洞宾会在苏州城西阊门附近出现，点化凡夫俗子。于是每年这一天，大量城乡民众聚集在这里，到处人山人海。

轧过来，又轧过去。

---

① 斤：中国市制质量单位，1斤合500克。
② 〔明〕高濂：《遵生八笺》卷三《四十调摄笺》，《钦定四库全书》本。

世俗的热闹浓烈，在此刻、在此处达到高峰。

…………

春天，我们一杯碧螺春，一口青团子；从古城西北片的艺圃、环秀山庄（图1-2）两个世界文化遗产出发；在桃花坞，邂逅了微醺狂吟的唐寅；在阊门的人山人海中，好像看到了一个清癯的绿袍老神仙……

图1-2　环秀之春

不难发现，我们走的"山塘—虎丘"一线，古往今来，都是经典的"逛吃"路线。也正是这里的山塘河、虎丘风景区、虎丘湿地一线，组成了苏州古城"四角山水"的西北绿楔。

"四角山水"与现代苏州市区的形态密切相关，我们在第二章会做详细介绍。

一阵江南暖雨后，夏天扑面而来……

第二节　夏·网师沧浪荷田田

1

江南的夏天酷热，最需要的就是亲水寻荫。

古城内，东南片的两处世界文化遗产，是亲水的最佳处。

沧浪亭，苏州现存历史最久的园林，始建于北宋庆历年间。"清风明月本无价，近水远山皆有情"的沧浪亭，最大的特色是园内没有放苏州园林的标配——小池，而是借园外的一湾碧水，筑廊造景，将水的灵动气息引入园中。网师园，始建于南宋，是公认的"小园极则"，整个园子绕池而建，精致无双。

亲水绿荫中，计成笔下的园林夏日是这样的：

林阴初出莺歌，山曲忽闻樵唱，风生林樾，境入羲皇。幽人即韵于松寮，逸士弹琴于篁里。红衣新浴，碧玉轻敲。看竹溪湾，观鱼濠上。山容霭霭，行云故落凭栏；水面鳞鳞，爽气觉来欹枕。南轩寄傲，北牖虚阴。半窗碧隐蕉桐，环堵翠延萝薜。俯流玩月，坐石品泉。①

——林荫里刚刚传出莺啼，山中忽然飘来樵夫的吴歌；清风由树林拂面而来，心境就像进入羲皇上古时代。幽居之人在松下小屋吟诗，隐逸之士在竹林深处弹琴。红色的芙蓉刚刚出水，碧绿的芭蕉雨落有声。在溪湾欣赏竹韵，观赏游鱼时回味庄子"濠上之乐"。山色迷蒙，行云故落栏杆；水波荡漾，爽气吹向枕边。凭南轩寄托高傲风骨，开北窗享受心境阴凉。芭蕉梧桐的碧荫，掩隐半开的窗户；萝草薜荔的翠藤，爬满四周的围墙。俯观流水赏月，静坐石上听泉。

不过，这大热天的，不宜吃得太过油腻。吴地的夏令口味，讲求色清而不淡。此季的荤素菜品，大多滑嫩爽脆。最好，当然是吃点儿鱼。

清代的沈朝初是个典型的乡土诗人，写了一大堆《忆江南》词，每一首，都以"苏州好"开头，描写吴地风情、山川名胜。当然我们最喜欢的，就是各种节令与美食佳篇。这里选几首与夏天美食相关的，第一首就是吃鱼，然后搭配点蚕豆之类的时鲜蔬菜：

苏州好，夏日食冰鲜，石首带黄荷叶裹，鲥鱼似雪柳条穿，到处接

---

① 〔明〕计成：《园冶》卷三《借景》，《喜咏轩丛书》本。

鲜船。

　　苏州好，豆荚趁新蚕，花底摘来和笋嫩，僧房煮后伴茶鲜，熏炙似神仙。

　　苏州好，香笋出阳山，纤手剥来浑似玉，银刀劈处气如兰，鲜嫩砌瓷盘。

然后就是应季的一大波水果袭来：

　　苏州好，沙上枇杷黄，笼罩青丝堆蜜蜡，皮含紫核结丁香，甘液胜琼浆。

　　苏州好，光福紫杨梅，色比火珠还径寸，味同甘露降瑶台，小嚼沁桃腮。

　　苏州好，新夏食樱桃，异种旧传崖蜜胜，浅红新样口脂娇，小核味偏饶。

　　…………

拥有美食的夏天，才是美好的夏天。

2

　　苏州全市地势低平，境内河流纵横，湖泊众多，自古便是著名的江南水乡、江南水城。万千湖荡、河泽，都是食材的渊薮。

　　因此，苏帮菜，最具代表性的菜品多与水产有关。例如来苏游客必点的松鼠鳜鱼，观前街的松鹤楼和得月楼都把它作为招牌菜。将新鲜鳜鱼改刀后洗净油炸，用新鲜番茄汁入味上色，入口咸鲜浓郁，转而酸甜，加上外脆内嫩的口感，的确让人倾心。

　　不过，考虑到番茄是清代才应用于江南食材的，这道菜其实历史不算悠久。最早关于鱼馔的记载，其实是在苏州古城建城之前。那时的阖闾还只是公子光，他一心想谋吴王僚的王位。《吴越春秋》中记下了一段刺客专诸与他的对话：

　　专诸曰：凡欲杀人君，必前求其所好。吴王何好？光曰：好味。专诸曰：何味所甘？光曰：好嗜鱼之炙也。专诸乃去，从太湖学炙鱼，三

月得其味，安坐待公子命之。①

专诸学了三个月的料理，在烤鱼里藏了鱼肠剑，在宴会上"料理"了吴王僚。本来烤个小鱼这种小事，历史上是不会留下一鳞半爪的，一不小心，这条普普通通的烤鱼，定格成为"舌尖上的苏帮菜"的最早影像。

3

苏州最富有韵味的鱼，非鲈鱼莫属。

读唐诗宋词，常常会遇到"秋风鲈脍""莼羹鲈脍""莼鲈之思"的词句，表达的是淡泊名利的意思。这则典故的出处是，西晋洛阳有个官员张翰张季鹰，因为思恋故乡苏州吴江，仰天长叹：

秋风起兮木叶飞，吴江水兮鲈正肥。

三千里兮家未归，恨难禁兮仰天悲。

因为想念吴中菰菜（茭白）、莼羹（莼菜汤）、鲈鱼脍（鲈鱼刺生），就立马辞职闪人了。看看，这美食的力道！

当然，也有史家说，当时"八王之乱"初起，听说齐王对自己有笼络之意，张季鹰觉得这风暴中心不可久留，所谓"莼鲈之思"不过是聪明人的一个托词罢了。

无论如何，吴地鱼鲜的感召力可见一斑。

水乡人家是幸福的，除了鱼虾，还有一大波水生植物，会在一年四季分批次从湖荡河泽出发，向家家户户的饭桌袭来。

夏天烈日下，茭白君与莲藕君双双出场，无论是茭白毛豆、虾子茭白、茭白肉丝，还是糖醋藕片、藕粉圆子、桂花糖藕，都是清清爽爽的夏日美味。到了秋天，还有芡实（鸡头米）、菱角和莼菜，初春有鲜嫩水芹，再加上慈姑、荸荠，一共八种水里生长、水灵灵又鲜滋滋的食材，被吴地人称为"水八仙"。

好吧，又到了说一遍"不时不食"这句拗口话的时候了。

---

① 〔汉〕赵晔：《吴越春秋》卷三《王僚使公子光传》，《四部丛刊初编》本。

4

水乡，还有一个特色，那就是船菜、船点。

苏式船菜、苏式船点也是餐饮业发达、追寻多元特色的结果。苏州本是水乡，家人朋友相约乘船宴游，既看风景又能撮上一顿，与如今的汽车露营异曲同工。

船菜特点鲜明。一方面是近水楼台，食材以水产为主，捕鱼的小船就在边上兜售，捞上来就进锅，搭配刚采的时鲜野菜，保证食材的新鲜；另一方面是游船的厨房狭小，掌勺的船娘多以炖、焖、焐、煨来准备菜品，保持了菜品的原汁原味。

古代的苏州，不仅街道上酒肆众多，船菜画舫的生意也个个爆棚。

苏式船点是指船上的点心。根据时令推移，有各种动物或是水果形状的粉点面点，生动逼真。大船可放船菜二三桌，午餐就有八冷盆、四热炒、六小碗，最后供应所谓"四粉四面"船点，也就是糯米粉、面粉各四样点心，做工考究。随手拎一份清代船点菜单瞅一瞅：那一天供应的"四粉"是玫瑰松子石榴糕、薄荷枣泥蟠桃糕、鸡丝鸽团、桂花糖佛手；"四面"是蟹粉小烧卖、虾仁小春卷、眉毛酥、水晶球酥。听上去就让人齿颊生津。

当然，古城内居民的日常菜品，就不用那么繁复了。在"仲夏三花"白兰花、茉莉花、玳玳花的清幽香气中，老老少少坐在竹桌椅边，摇着大蒲扇驱赶暑气。一碗凉好的白粥，一个咸鸭蛋，几个家常菜，便是消暑的一餐。最后也不用什么"四粉四面"，从古井里把浸了半天的西瓜拎上来，做个夏夜里最好的压轴。

5

每年农历六月二十四日，民间称荷花生日。苏州城里百姓，都要跑到东边葑门外的荷花塘，一边观荷，一边纳凉。

明末的张岱以小品文见长，描述江浙山川名胜、风土人情，可以说是当时优秀的"旅游博主"。他在《陶庵梦忆》中为我们描绘了当时的情形：

> 六月二十四日，偶至苏州，见士女倾城而出，毕集于葑门外之荷花

宕。楼船画舫至鱼艖小艇，雇觅一空。远方游客，有持数万钱无所得舟，蚁旋岸上者。[1]

也就是说这全城人都往荷塘去，竟然把大小船只全部租光了。观莲节，放在现代，就是一个成功的生态旅游节啊。

> 宕中以大船为经，小船为纬，游冶子弟，轻舟鼓吹，往来如梭。舟中丽人皆倩妆淡服，摩肩簇舄，汗透重纱。舟楫之胜以挤，鼓吹之胜以集，男女之胜以溷，歊暑燀烁，靡沸终日而已。荷花宕经岁无人迹，是日士女以鞋鞍不至为耻。[1]

只见船只穿梭，满载游人拥挤混杂，与如今黄金周的热门景点有得一拼。

清代的袁景澜在《吴郡岁华纪丽》中也记录了农历六月二十四日苏州市民倾城而出的场景。搞大型派对，总得找个由头，为荷花仙子庆生这个理由雅俗共赏。一城人外出郊游，大把适龄青年也就有了相约的机会。

…………

夏天，我们伴水作清凉之游，同时主攻各类湖鲜；看了古城东南片的沧浪亭（图1-3）、网师园两个世界文化遗产；倾听炙鱼传奇，体味莼鲈之思；出葑门，往东南方向，一路品着船菜船点，在荷花荡参加大型郊游派对。

图1-3　沧浪胜迹

---

① 〔明〕张岱：《陶庵梦忆》卷一《葑门荷宕》，《粤雅堂丛书》本。

这些古城东南的大小湖荡，至今保留完好。独墅湖、澄湖、吴淞江等水系，形成了如今苏州市区"四角山水"的东南角绿楔。

天气渐渐转凉，一个横行湖荡的狠角色，正在悄悄积蓄力量，准备杀进城来……

第三节　秋·拙政狮林桂入酿

1

秋风起，蟹脚痒。

古城外，东北方向就是阳澄湖。这里水域宽阔，碧波荡漾；这里水质清，湖水浅，湖底硬，水草丰；这里蟹正肥，膏正黄。

为了对付这些"青背、白肚、黄毛、金爪"的大闸蟹，明代能工巧匠发明了一整套食蟹工具，含锤、镦、钳、铲、匙、叉、刮、针八件，称为"蟹八件"。为了吃个蟹，古代吃货们也是蛮拼的。

不过，家常的大闸蟹做法，却连苏帮菜都算不上，勉强能比泡个方便面多一点点技术含量：去菜场拎几个被包成粽子状的"横行霸王"回来，不用拆线，刷刷干净，往蒸笼上一放；啥作料都不放，十来分钟就鲜香满屋了；顺手切个姜、倒点醋，桌子一清……开吃！

做法虽然简单，但大闸蟹上得桌来，绝对艳压群芳：外观色泽橙黄，鲜香扑鼻，打开蟹盖，膏黄脂肥，大快朵颐起来，端的是"蟹肉上席百味淡"，下一句接"手机再响也不接"。

不过螃蟹性寒，姜是必须佐餐调料。这时，要是能咪上一口吴地黄酒就更好了。活血祛寒的黄酒，最适合温饮。烫热的黄酒醇厚微甜，口感饱满，与蟹肉蟹黄的鲜香都非常搭调，在口中化为双重奏，美味难于言传。

难怪马致远会低吟：

爱秋来那些：和露摘黄花，带霜烹紫蟹，煮酒烧红叶。[①]

难怪毕卓会高唱：

一手持蟹螯，一手持酒桮，拍浮酒池中，便足了一生![②]

---

① 〔元〕马致远：散曲《夜行船·秋思》。
② 〔南朝〕刘义庆：《世说新语》卷二十三《任诞》，《四部丛刊初编》本。

秋风起，蟹脚痒。

哪儿是蟹脚痒了，其实是我们肚子里的馋虫，睡了半年，醒了。

一群群的螃蟹，从阳澄湖爬进了古城的东北片，爬上了宅园的餐桌。古城内，东北片的园林众多。

笔者曾在《行走苏州园林》中，创新性提出苏州园林的"三种表情"①，在古城东北片，就有三种表情中最具代表性的三处世界文化遗产：

"居"。其实苏州历代园林，除了最早的吴国宫殿园林，以及古城中几处官衙园林和书院园林之外，绝大多数是居家之用。在古城东北角紧贴着城墙的，是建于清代的耦园。宅中有园、园中有宅的耦园，从设计布局、建筑风格到厅堂陈设，比较朴素平实，生活气息浓郁。

"隐"。园林名称是园林主人的一种情感表达，拙政园是目前古城区最大的园林，占地78亩。明代园主王献臣回乡后，取晋代潘安《闲居赋》"筑室种树，逍遥自得……灌园鬻蔬，以供朝夕之膳……此亦拙者之为政也"的句意，命名自家园宅，体现了很多园林主人在大隐于朝、小隐于野之外的选择——中隐于园。

"禅"。在苏州，有化园林为寺的，也有退寺而成为园林的。狮子林始建于元代，是为名僧惟则新建的寺院。园名本身就体现了佛教含义：狮子，佛国神兽，闻狮子吼，百兽皆伏；佛，人中狮子，佛以无畏之声说法，称狮子吼。而狮子林的"林"字是指"丛林"，从唐代怀海禅师开始，称寺院为丛林。

苏州园林，是苏州古城最亮眼的名片之一，共有九个园林列入世界文化遗产保护名录。短短三节，我们已经点到了其中的七处：艺圃、环秀山庄、沧浪亭、网师园、耦园、拙政园、狮子林。在古城外，还有留园（苏州历史城区范围内）和吴江（现在的吴江区）退思园。

无论是哪一种表情，计成笔下的园中秋色都是分外宜人：

芰衣不耐凉新，池荷香绾；梧叶忽惊秋落，虫草鸣幽。湖平无际之浮光，山媚可餐之秀色。寓目一行白鹭，醉颜几阵丹枫。眺远高台，搔

① 贺宇晨：《行走苏州园林》，苏州大学出版社，2015年，第73-101页。

首青天那可问；凭虚敞阁，举杯明月自相邀。冉冉天香，悠悠桂子。①

——布衣不胜秋凉，池荷尚有余香；桐叶飘落，诉说秋天已经忽然到来，还听见草间幽幽的虫鸣。平湖浮光无际，山峦秀色可餐。看白鹭悠悠而行，赏枫树红艳如醉。登台望远，搔首踟蹰，尽可像苏轼那般高唱"明月几时有，把酒问青天"；凭栏敞阁，自会如李白那样低吟"举杯邀明月，对影成三人"。桂花的幽香，冉冉而来，悠悠弥漫。

3

苏州园林，也常被称作"写意山水园林"，设计者除了对建筑布局进行整体把控之外，还要将诗、书、画的意境融入园中，这就对设计者本身的艺术鉴赏能力提出了很高要求。于是，重任自然落在了很多山水画家、文人学者身上。

文徵明，就是其中的一位。

据说文徵明参与了拙政园的总体规划，他的《拙政园卅一景》为描摹写实之作，让我们有幸一睹拙政园最初的疏朗风貌。

文徵明的曾孙文震亨，在建筑、园林的研究方面，就更进了一步。文震亨本人造园经验丰富，据记载，他参与过碧浪园、香草垞等吴地园林建设。在实践中，文震亨逐渐积累总结出一整套艺术理论体系，写成《长物志》一书。书中涉及室庐、花木、水石、禽鱼、书画、几榻、器具、位置、衣饰、舟车、蔬果、香茗共十二大类，比较完整地反映了明代苏州园林的设计理念，以及苏式生活的品味意趣。

4

秋日里，园墙关不住桂花的幽香。在古城中行走，不经意间也会碰到一两棵桂花树。初来苏州的人可能不理解，苏州的市花为何会选取花形简单、花体纤小、色彩偏淡的桂花。

桂花，具有两个方面的亲和力，特别受到吴地人的宠爱：

---

① 〔明〕计成：《园冶》卷三《借景》，《喜咏轩丛书》本。

一是从民间习俗角度看，古代百姓讲究讨口彩，表达出吉祥美好的愿望。例如，年夜饭称为"团圆饭"，生日那天吃"长寿面"，鱼馔代表"年年有余"，等等。从心理学角度看，算作一种正向暗示。

古城的宅院里，莳花植木自然也有讲究：种金桂一棵"金风送香"；金桂和银桂都种，是"双桂留芳""金银呈样"；玉兰搭配金桂，来个"金玉满堂"；"土豪们"也可以玉兰、海棠、牡丹、桂花一齐上，取"玉、堂、富、贵"谐音，成为口彩的四次方。

更加重要的是，科举考试中的"秋闱"，在桂花盛开时举行。秋闱中举的榜文被称为"桂榜"，因此"蟾宫折桂"就成了考中的代名词。这么多吉祥口彩，逼得整天标榜淡泊名利的古代园主们，都不能不在院子里种上几棵了。

二是从古往今来的吃货们的视角来看，桂花是吴地甜点的最好辅材。桂花盛开的时候，桂树的绿叶之间，挤满了点点黄花，空气中弥漫着醉人香味。收集飘落的桂花，放清水里漂洗，加白糖蒸熟，或是拌入蜂蜜。花香被白糖和蜂蜜封存，便可以在一年四季随时享用了：桂花糖年糕、桂花糯米藕、桂花酒酿圆子、桂花冬酿酒、桂花糖芋艿、桂花糖粥……这甜糯的香气远远地一闻，便是地地道道的苏州味道。

桂花，其实就像李清照写的：

> 暗淡轻黄体性柔，情疏迹远只香留。
>
> 何须浅碧深红色，自是花中第一流。

内秀淡雅的桂花，与吴地的文化韵味，完美契合啊！

5

秋天是收获的季节，不仅有鲜美的湖蟹，还有各种桂花甜品。

鱼米之乡丰富的饮食资源，加上相对安定富庶的生活，让苏州的饮食日趋精致多样。随着印刷技术的进步，更是出现了一大堆专攻美食的食谱食经：元代大画家倪瓒的《云林堂饮食制度集》，明韩奕的《易牙遗意》，清代袁枚的《随园食单》，等等。其中，都有对于江南一带饮馔美食的描写。当然，这些文人还是弹着"君子远庖厨"那一套老调子，大多数什么烹饪经验都没有，只是安静地做个品尝与分享的美食家。

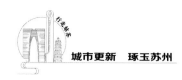

从"炙鱼事件"的惊鸿一瞥，到这一群美食记录者，再到如今互联网上的美食分享，时间如白驹过隙。很多事情变了，其实，又好像没变。

6

中秋之夜，除了全家团圆，吃吃苏式月饼外，古代还有"走月亮"的习俗，包括夜游古城周边的景点。清代沈复与妻子芸娘住在沧浪亭边，他在《浮生六记》中记录，中秋大队人马出城郊游，城中沧浪反倒格外安静：

> 中秋日……吴俗，妇女是晚不拘大家小户皆出，结队而游，名曰"走月亮"。沧浪亭幽雅清旷，反无一人至者。①

当然，"走月亮"挺累的，回来得蒸几只大闸蟹补补。

重阳佳节，按习俗，一是登高远眺，二是吃枣泥豆沙米粉做的重阳糕。说起糕点，"叒"不得不提"不时不食"啦：立春时"咬春"，来点春饼春卷，元宵节吃圆子，二月初二"龙抬头"来块"撑腰糕"，三月初三乡间吃"眼亮糕"，清明前后的酒酿饼、青团子、大方糕；夏天的薄荷糕、绿豆糕，端午的粽子；中秋的苏式月饼，重阳节的重阳糕；冬天有芝麻酥糖、糖年糕……

当然，登山这么辛苦疲劳，回来自然得再蒸上几只……

…………

秋天，我们反转路线，跟着大闸蟹的足迹，从古城的东北角阳澄湖出发，走到古城里，欣赏东北片的拙政园（图1-4）、狮子林、耦园三个世界文化遗产；欣赏了《拙政园卅一景》，读了几页《长物志》；坐在满是桂花香的园林中，一手持蟹螯，一手持酒杯……

---

① 〔清〕沈复：《浮生六记》卷一《闺房记乐》。

图 1-4　拙政问雅

　　大家应该已经猜到，阳澄湖，就是如今苏州市区的"四角山水"中，东北向的重要绿楔。

　　一场秋雨，一场寒。

　　加件衣服，马上就入冬啦。

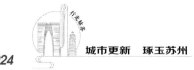

第四节　冬·香雪海中梅傲寒

1

一秒入冬。

我陪着你行走园林，我陪着你行走古城，我陪着你欣赏城外山水，我陪着你吃过了春茶、夏果、秋蟹……冬天怎么办？放心，鱼米之乡，饿不着你的。按老套路，欣赏一下计成《园冶》中的冬日园林：

> 但觉篱残菊晚，应探岭暖梅先。少系杖头，招携邻曲。恍来林月美人，却卧雪庐高士。云冥黯黯，木叶萧萧。风鸦几树夕阳，寒雁数声残月。书窗梦醒，孤影遥吟；锦幛偎红，六花呈瑞。棹兴若过剡曲，扫烹果胜党家。[1]

——只见篱笆旁边的菊花快谢了，是时候去岭上看看哪株梅花已开。拿一点儿沾酒铜钱系在拐杖上，去邀请邻里乡亲一起畅饮。月光柔和，恍若将有梅花仙子降临；雪满庭园，依稀看见旷达高人酣睡。冬云黯淡似暮，木叶萧萧作声。夕阳西下，几树昏鸦；月儿弯弯，数声寒雁。书斋窗边，酣梦初醒；独坐孤影，对空轻吟。锦帐围炉，充满暖意；瑞雪纷纷，预兆吉祥。乘一叶扁舟，就像当年王徽之雪夜访友；取积雪煎茶，远胜销金帐中的佳肴美酒。

2

古城的西南片，现存的古典园林不多。但是，有一所山林府学不得不提：那就是苏州府学。

公元 1035 年，范仲淹来苏州主持工作，时间不长，印迹颇深。

苏州坊间传说，范仲淹在卧龙街（现在的人民路）的南园，相中了一块土地。堪舆者对他说："公若卜筑于此，当踵生公卿。"范仲淹答："吾家有其贵，孰若天下之士咸教育于此，贵将无已焉。"

与其一家公卿不断，不如为天下培养英才，于是在这方宝地修建州学。考虑

---

① 〔明〕计成：《园冶》卷三《借景》，《喜咏轩丛书》本。

到范仲淹求学时有个"断齑划粥"的典故，他对于寒门读书人的特别关爱，就不难理解了。

后来苏州升为平江府，州学被称为府学。作为开科取士的官办专门机构，府学把文化教育事业纳入了制度性轨道，经费有专门拨款，教员由官府任命，学校还提供膳食。府学既搞应试教育，又做学术研究，还带点儿统筹地方教育的行政功能，在教育发展史上有着重要的地位。

官办府学的设立，还带动了后来各县县学设立，为吴地教育水平的整体提升打下了坚实基础。

在北宋《平江图》中可以清晰地看出，苏州府学占地宽广，并且与文庙相邻，文思层叠，更有意韵（图1-5）。在府学旧址上，是如今的苏州中学，校内道山、碧霞池、春雨池等古迹尚在。

图1-5 文思叠韵

3

从苏州府学出来，我们在街头巷尾，尝尝苏式面的风味。最普通的一碗面，可以映射出这里食不厌精的风格。面条其实没什么特别之处，但是苏式面的面汤非常重要：有红汤、白汤的分别。汤一定要"吊鲜头"，也就是增鲜。最基本的

是大骨头汤底，但各个名店都有各自的"秘方"，例如奥灶面的汤，鲜美浓郁、油而不腻，秘籍据说是用青鱼的鱼鳞、鱼鳃、鱼肉煎煮汤水，然后放入鸡骨、猪腿骨、螺蛳、草鱼等食材，搭配八角、草果、辛夷花、细辛、沉香、白扣等十四味香料，细细熬煮九个小时方能搞定。

再说配菜，常用的"面浇头"有焖肉、卤鸭、爆鱼、炒肉、肉丝、块鱼、爆鳝、鳝糊、虾仁、三虾、三鲜、什锦、素菜、时蔬等。有的"面浇头"还分为若干子类，例如爆鱼还细分为头尾、肚裆、甩水等。

在这里，点碗面还得懂点"切口"：除了"白汤""红汤"外，"重青"即让店家多加点蒜叶，"免青"是千万不要放；"过桥"就是要求浇头用另外的盘子盛放；"宽汤"是指面汤要多，"紧汤"是要面多汤少……不过，用吴侬软语说讲起来，一点儿也不"威虎山"，倒是与现代咖啡连锁店内颇具仪式感的几问几答有得一拼。

不过苏州人爱吃面，应该是建安南渡后的事情。满大街的面店，更是近代有了轧面机后的事了。说起吴地饮食的历史，冬至的饮食习俗最为悠远。

4

冬至，本是二十四节气中普普通通的一个。但在吴地，有"冬至大如年"的说法。《周礼》中记载："以冬日至致天神人鬼。"① 在这一天，古代君主要去搞祭天大典，百姓也要祭拜祖先。

话说在商末，江南地区还是一片蛮荒之地。先民们靠山吃山，在苍苍的丘陵中狩猎；靠水吃水，在茫茫的太湖边打鱼。《史记》中的《吴太伯世家》和《周本纪》，对于泰伯、仲雍来到江南立国，分别有记载：

　　　吴太伯，太伯弟仲雍，皆周太王之子，而王季历之兄也。季历贤，而有圣子昌，太王欲立季历以及昌，于是太伯、仲雍二人乃奔荆蛮，文身断发，示不可用，以避季历。季历果立，是为王季，而昌为文王。太伯之奔荆蛮，自号句吴。荆蛮义之，从而归之千余家，立为吴太伯。②
　　　古公有长子曰太伯，次曰虞仲。太姜生少子季历，季历娶太任，皆

---

① 〔周〕周公旦：《周礼》卷三十一《司巫神仕》，《四部丛刊初编》本。
② 〔汉〕司马迁：《史记》三十世家《吴太伯世家》，《武英殿二十四史》本。

贤妇人，生昌，有圣瑞。古公曰："我世当有兴者，其在昌乎？"长子太伯、虞仲知古公欲立季历以传昌，乃二人亡如荆蛮，文身断发，以让季历。①

把两段简单归纳一下：殷商末年，周族首领古公亶父（周太王）有三个儿子：长子泰伯（太伯）、次子仲雍、三子季历。季历本身素质不错，其子姬昌又深受爷爷喜爱。大家都知道古公亶父欲传位季历。一天，他当着族人的面赞叹：我的后代能成事兴国者，大概就是姬昌吧？话都讲到这个份上了，泰伯、仲雍就带领核心团队向南方迁徙。

在江南，他们入乡随俗，按当地习惯来了个"文身断发"，也就是剃个板寸头，身上纹满刺青，以这种非常直观的方式，一是告诉中原他们不会回去了，二是取得当地原住民的信任。土著居民心悦臣服，将泰伯立为部族君长，建国号"句吴"，也作勾吴、工吴、攻吴，这就是吴国的起源。

在泰伯南奔时，苏州地区原有的土著文化，或称"先吴文化"，还属于马桥文化后期，尚未进入青铜时代。而商代晚期的黄河流域，正处于青铜时代的鼎盛期。不仅仅有武器的代差，推断起来，跟着这两位王族的亲信团队人数不会少。历史，肯定不是纹个身、理个发那么轻松简单。不过泰伯带来的文字、制度、青铜器等技术，大大提升了吴地的社会生产与文化水平。

武王建周后，派人循着泰伯的足迹，找到其后代周章，正式册封为诸侯。作为周王室一族，这里一直保持着中原传统。不过，随着时间的推移，祭祀仪式渐渐淡化无踪，而冬至成了吴地最重要的民俗节气。满桌的饭菜，丰盛程度和春节有得一拼。全家人围坐一桌，畅饮喝不醉的冬酿酒，祈愿美好的生活。

"不时不食"（第四次提及了）的原则，也能落实到酒上。桂花冬酿酒，就是一年只能相逢一次的佳酿。满城桂花香的秋天已经过去，如何把这香气收藏起来？最好的办法，当然又是藏入腹中。

桂花冬酿酒色泽金黄剔透，带着花香，喝在嘴里是清润甜美，一股子地道的江南味道。冬酿酒其实是一种只经过前道发酵的"生坯"米酒，以当年收获的太湖糯米和桂花，在冬至前一个多月酿造。每年冬至前，店家摆出大瓮，顾客自带盛酒的器物来"零拷"购买。这酒前前后后一共就卖十来天，错过就只有明

---

① 〔汉〕司马迁：《史记》十二本纪《周本纪》，《武英殿二十四史》本。

年请早了。真有点儿高冷。

5

除了能让人微醺的冬酿酒，喜欢甜食的苏州人还有吃甜酒酿的习惯。甜酒酿自家做起来也方便，蒸好糯米，拌上酒曲，捂个一两天就行了。城里城外的阿婆们有空就做点给自家"小团"当点心吃。或加点小圆子，或铺个鸡蛋，撒一小撮桂花，再搭配一块梅花糕或是海棠糕，甜甜暖暖的味道一直流淌到心里。

冬酿酒的酒精度也就是三四度，老幼妇孺都能喝上几杯，所以成了团圆饭桌上最好的饮料。冬天里，城里的卤菜店门口常会排起长队，为家宴购买五香酱肉、苏式爆鱼、酱鸭、咸水鹅、叉烧……优质蛋白与糯米甜酒，一场味觉的邂逅就此展开。

羊肉，亦是苏城冬日里的特色之一。每到寒风乍起，苏州城里的每个街区，都会冒出一两家"藏书羊肉"小店，后厨竖起一个标志性的大木桶锅灶，一个冬天不断火，煮着羊肉清汤。原料来自古城西郊，青山绿水的藏书镇。从店外走过，屋里整天是白汽蒸腾，看上去就感觉暖洋洋的。再加上香气在街坊散开，不用吆喝，都让人想进去来上一碗，暖胃、暖身、暖心。

古城里的冬天，是甜甜的、暖暖的、喜气"羊羊"的……

6

从古城西南角的水陆城门——盘门，向东南行走，第一站风景就是石湖。

石湖在苏州城西南，湖光山色、塔影画桥、风帆渔舟、风光旖旎，至今仍是苏州的郊野名胜之一。正好顺路，我们来拜访一下南宋"石湖居士"范成大。他的诗作清新雅致，充满了江南的田园意趣，例如这一首《初归石湖》：

晓雾朝暾绀碧烘，横塘西岸越城东。

行人半出稻花上，宿鹭孤明菱叶中。

信脚自能知旧路，惊心时复认邻翁。

当时手种斜桥柳，无数鸣蜩翠扫空。

——晓雾与朝阳混合，青中透红，我在横塘西岸越城东边漫步。行人们在田间走路，只看见上半身在稻花上移动；池塘里栖宿的白鹭，在碧绿菱叶中更显洁白。对家乡田埂太过熟悉，信步就能识得旧时路；常在路上遇到面熟的老翁，心里发愣，仔细辨认，才发现是过去的邻居。小时候在斜桥边种植的杨柳，如今已长成大树，无数蝉儿鸣叫不停，翠绿柳条空中飘拂。

少小离家、叶落归根的那份故土深情，扑面而来。正是这位老范在《吴郡志》中总结提炼出"天上天堂，地下苏杭"，也就是我们今天常说的"上有天堂，下有苏杭"。

我们在苏州府学，聊了聊范文正公；出盘门往西南方向，在石湖读了读范成大的田园诗；大冬天的，喝着桂花佳酿，吃着卤菜羊肉，一点儿也不觉得冷；边喝边聊，说说吴国的起源传说，讲讲吴地冬至的习俗……

这一路，一直延伸到茫茫太湖。现在，苏州"四角山水"的西南角，就是七子山、石湖、东太湖绿楔。

…………

一场小雪后，我们发现，已经春夏秋冬、城里城外地"逛吃"了一圈。其实，铺开苏州大市地图（图 1-6），我们还可以从古城一路向东，赴昆山吃奥灶面，到太仓打包个双凤爊鸡；或者驱车向北，去常熟尝蕈油面，往张家港品江鲜……赶紧刹车。

本章收尾，让我们来回味一下苏州之韵。

苏州市地图

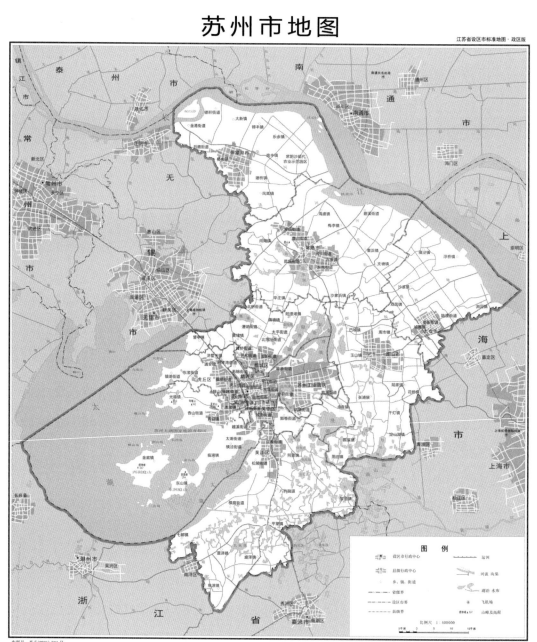

图 1-6　当代苏州①

　　① 江苏省自然资源厅：江苏省标准地图服务，1∶400 000 苏州市政区图，http://zrzy.jiangsu.gov.cn/jsbzdt/index.html，更新日期：2021 年 12 月 17 日。

小结 苏州之韵

短短一章，掠影浮光。

读到这里，想来您也发现笔者的用意了。

明明是吃货们的轻松之旅，但是历史、名人、轶事、典故、园林、名胜、民俗、古诗……好像一个都没落下。

相信读者，对苏州、特别是古代苏州有了个基本的印象。

最关键的是，在这座城市中，我们品味的、游赏的诸多事物，和古人大同小异，因此往往会感同身受。

这，便是悠久历史带来的独特魅力。

加之在这座城市中，又有那么多名人、那么多佳作，随便看一处名胜，便能想起几段诗文，犹如玉石金声，令人遥思神往。

这，便是文化积淀带来的独特感受。

苏州，就是这样一座历史之城、文化之城。

我们看一看当代苏州地图（图1-6），根据住建部《2020年城市建设统计年鉴》，了解一下几个基本数据：

苏州市（通俗称作"苏州大市"）国土面积8 657.3平方公里，其中包含太湖和长江水域1 937平方公里。

苏州市区面积4 652.8平方公里。管辖六个行政区。

苏州市区的建城区面积481.3平方公里。

四个县级市的建成区面积：常熟99平方公里，张家港62平方公里，昆山72平方公里，太仓52平方公里。

这四个县级市个个都是"学霸"，在全国百强县排名中，2021年分列1、3、4、8位次。而且，这四个"学霸"的"颜值"也高：有温婉的"昆玉"，有大气的"港城"，有好客的"常来常熟"，有海派的"太仓，下一站上海"。他们也有城市更新的需求。

不过篇幅所限，本书聚焦苏州市区的城市更新……

第二章

米字舒展，浅析苏州市区的形态

东·千尺高楼白云卷

西·斜阳红树青山远

南·大湖平舒粼粼波

北·九州通联车马喧

引子　新城

从第一章，我们初识"四角山水"，也就是在古城四个角的方向，延伸出去的那一座山、那一片水，那一派浓浓的江南风光：东北的阳澄湖，西北的虎丘湿地，东南的澄湖、吴淞江、独墅湖，西南的七子山、石湖、东太湖。

《苏州市城市总体规划（2017—2035）》图 25 中，非常明晰地阐明了四个山水绿楔与古城的关系（图 2-1）。四个山水绿楔，形成了一个标准的"X"形。

和很多城市一样，改革开放后，苏州的城市化进程非常迅速。20 世纪 70 年代末，苏州市区的建成区面积是 26.6 平方公里。2020 年年末，市区建成区面积为 481.3 平方公里，增长了 18 倍。

幸运的是，正是有了天然分布的四角山水。苏州市区在快速扩张进程中，并没形成大环套小环式的同心圆型扩张，而是有机地往东、南、西、北四个方向拓展。

四角山水，是古代苏州、现代苏州的美食之源、游赏之地。

四角山水，是现代苏州、未来苏州的城区之肺、生态之廊。

根据《苏州统计年鉴 2021》，苏州城区，也就是我们平常所说的"市区"，面积共 4 652.84 平方公里，共包含六个行政区[①]：

中间，姑苏区，共 83.42 平方公里。其中，历史城区 19.2 平方公里；历史城区中，古城为 14.2 平方公里。

向东，苏州工业园区，277.96 平方公里。

向西，苏州高新区，332.37 平方公里。

向北，相城区，489.96 平方公里。

向南，吴中区，2 231.69 平方公里；吴江区，1 237.44 平方公里。

整个市区，四向发展，快速而均衡，构成了一个丰满的"十"字形。

[①] 苏州市统计局：《苏州统计年鉴 2021》电子版，表 1-1，https://www.suzhou.gov.cn/sztjj/tjnj/2021/zk/indexce.htm，访问日期：2022 年 5 月 17 日。

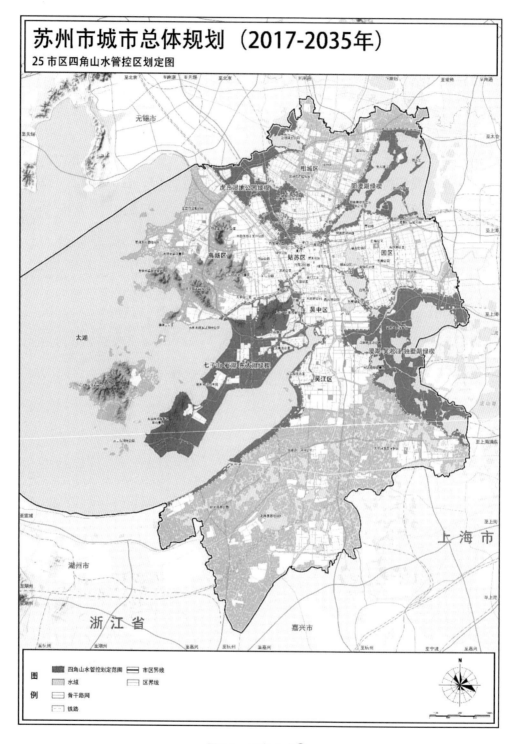

图 2-1　四角山水①

① 苏州市自然资源与规划局：《苏州市城市设计导则》，附图 1，发布日期：2019 年 8 月 7 日。

本书提出一个全新的概念——苏州的"米"字市区：

古城居中，"X"形天然的四角山水，"十"形型拓展的新城区。三者叠加起来，就组成了现代苏州的"米"字市区。

"苏"字古写为"蘇"，是个包含着"鱼"与"禾"的鱼米之乡。现代苏州市区的形态，有机地生长成为一个"米"字。

真是一个令人愉快的巧合！

这一章，我们将简单分析一下古城东西南北四个方向、五个新城区的发展。除原先的乡镇镇区外，新城区的大规模建设只有 30 年左右时间。特别关注到两个方面：

第一，虽然是新城区，但已经有城市更新的很多需求与项目。

第二，在新城区中，都较好延续了苏州古城的历史与文脉。

"米"字主城，现在开讲！

第一节　东·千尺高楼白云卷

1

古城向东，让我们一起观"楼"。

还记得第一章，我们在农历六月二十四日跟着明清的苏州市民，出古城东边的葑门，坐船游荷塘吗？

明代苏州诗人郭谏臣用一首平实的《舟发娄门夜抵昆山》，记录自己从古城东边的另一个城门——娄门出城，坐船走娄江、过唯亭、抵昆山的一段旅程：

> 扬舲过湖曲，沽酒近唯亭。
>
> 娄水浮烟白，昆山拥县青。
>
> 乱鸦栖暝树，飞鸟下寒汀。
>
> 夜傍渔舟宿，时闻虾菜腥。

这一路，坐的是轻舟小艇，但也需要整整一天，将如今的园区由西向东穿行一次。

古城以东，经过 28 年的开发，在这些清澈水面点缀间，崛起了一座极具现代感的活力新城。这就是苏州工业园区（以下简称"园区"）。

园区位于古城之东，1994 年 2 月经国务院批准设立，同年 5 月实施启动，行政区划面积 278 平方公里（其中，中新合作区 80 平方公里），是中国和新加坡两国政府间的重要合作项目，被誉为"中国改革开放的重要窗口"和"国际合作的成功范例"。[①] 在园区建设中，形成了以"借鉴、创新、圆融、共赢"为特点的"园区经验"。

在园区"十四五"国土城市空间布局图上，我们特意加标了古城的位置（图 2-2）。从图中，不难发现两组关系：

一是古城与园区的尺度关系。园区以古城为根，向东拓展。经过近 30 年的发展，已经形成了一片全新的城区。本章的四个章节，将把古城东西南北的新城区都做简单介绍。这些新城区，充分体现了苏州快速城市化的进程。

---

① 苏州工业园区管理委员会：《园区简介》，http：//www.sipac.gov.cn/szgyyq/yqjj/，发布日期：2022 年 3 月 7 日。

二是古城与园区的交融关系。园区明确提出努力打造面向未来的苏州城市新中心、向世界展示苏州社会主义现代化强市"最美窗口"。功能分区方面分为金鸡湖商务区、独墅湖科教创新区、高端制造与国际贸易区、阳澄湖半岛旅游度假区。现代感十足的园区，已经与古城形成了"古今辉映"的最美双面绣。游一游古城园林，逛一逛金鸡湖，也成为来苏游客的标准线路。

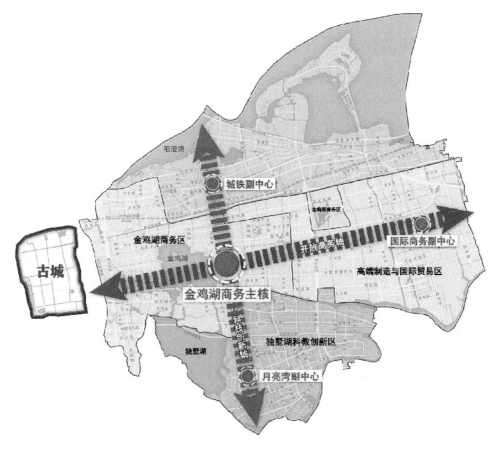

图 2-2　古城与园区①

2

楼，颜值与内涵兼备。

在苏州众多的大小湖泊中，金鸡湖的水域面积实在不算大，也就 7.4 平方公

①　苏州工业园区管理委员会：《苏州工业园区国民经济和社会发展第十四个五年规划和二〇三五年远景目标纲要》，第 20 页，发布日期：2021 年 4 月 16 日。添加古城位置示意。

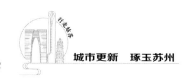
里，但胜在距离古城仅有 5 公里。

因此，金鸡湖西侧，也就是靠近古城的片区，是园区最先开发的地区。1997年年底首期 8 平方公里基础设施建设基本完成。

在这一片区的远距视野中，最具建筑表现力的是东方之门。通俗地说，远拍最上镜。看惯了方方正正的大楼，一下子来个形态特殊的，眼球就被吸引。大家形象地把它称为"秋裤"。东方之门处于古城与金鸡湖的规划轴线上，因此无论从古城向东远眺，还是从金鸡湖东侧向古城方向看过去，这一幢 302 米高的异形建筑，都是一个生动鲜明的标识物。

在这一片区的近距视野中，最具美学张力的是苏州中心商业楼。从美学角度说，如果是一幢东方之门伫立湖边，其实会显得突兀。好在它不是孤独地面湖而立，在它的背后，是苏州中心的楼群。苏州中心总建筑面积 113 万平方米，集商业、办公楼、公寓、酒店等多种业态于一体。其中，30 万平方米的商场由于体量足够，又是标准的地铁上盖模式（TOD），不仅汇聚了千家品牌，更有滑雪场、溜冰场、马术馆、影院等体验式店铺，成了一个吸引人流的强磁场。可以说，在大型商超普遍承压的时代，这一综合体在策划、招商、运营上都非常成功。

今后，中海超塔项目 460 米、中南中心 499.15 米，也将加入东方之门—苏州中心这一片楼群之中。金鸡湖西，已经建成运营的还有环球 188 双子楼 282米、258 米，中海财富中心 A 楼 230 米，苏州中心广场 A 楼 221.7 米等一批"200+"楼宇，共同组成了优美天际线。

如果说，金鸡湖西的开发，是园区的破题之作；那么金鸡湖东的开发，则可以比喻成一幅极具现代感的油画作品了。2001 年，园区二、三期的开发正式启动，进入了大开发、大建设、大招商、大发展阶段。行政区、住宅区、学校、医院、商场、酒店、会展中心、文化中心、体育中心……一路铺展，处处繁华。

金鸡湖东片区，是 450 米苏州国金中心领衔的建筑群，广电传媒 228 米、星湖国际 222 米、中新大厦 222 米……一座座高楼已傲然耸立。这里潜力巨大，还有一批楼宇在建设、在成长。

高楼大厦，一个现代城市的鲜明标识物。

我们不赞同"高楼竞赛"，因为在现行建筑体系中，超高建筑的维护成本惊人，对应急救援能力也是考验。但如果是在精细规划下，结合自然山水，形成优美天际线的，还是要多多"点赞"的。更为关键的是，这些楼宇中，干货满满：

园区在开发之初，除了大力招商引资外，逐步吸引了几乎所有银行的苏州分行。同时，各类高端制造业、进出口贸易、高技术服务业总部，也在一幢幢高楼中高度集聚。

这里的高楼，颜值高，贡献也高。

3

林立高楼，现代城市最直观的感受。

更深层次的力量，来自城市规划蓝图的适度超前，以及对产城融合理念的长期坚守。近30年来，这里秉持"先规划、后建设"的新城开发模式，坚持"一张蓝图干到底"，保持了城市建设的高标准和完整性。既有早期规划者的精准谋划，更有一任任执行者的定力与恒心。

这里虽然名字叫作"工业园区"，但实际上已经成长为一个知名的"创新园区"。不仅在国家级经开区综合考评中实现六连冠，也已跻身科技部建设世界一流高科技园区行列。

对于一大批企业白领以及科技人才而言，这里有现代化的舒适生活，环境美、配套优、人气足。他们在这里：

每年，可以参与热闹的半程马拉松、龙舟赛、帆船赛……

每周，可以欣赏苏州交响乐团、苏州芭蕾舞团的演出，在美术馆驻足，在游船上欣赏音乐喷泉……

每晚，可以沿14公里的环金鸡湖步道，悠闲地散散步，自在地吹吹湖风，看看那落日云霞把东方之门染成一条暖洋洋的"红色秋裤"。

4

城市更新，亦有保护传承。

正是由于近30年来的快速发展，如今的园区面临着空间资源日趋紧缺的局面。园区在"十四五"规划中明确提出，全力推进城市更新。

讲完园区高楼的故事，点过园区更新的需求，现在，让我们来到"四角山水"东南角的独墅湖边。

在园区独墅湖开放创新协同发展示范区内，有西交利物浦大学、中国人民大学苏州校区、苏州大学独墅湖校区、新加坡国立大学研究生院等著名院校。相比而言，这里有一个并不起眼的 60 亩小校区：学校的主体建筑是新苏式风格，而在学校的内庭休闲区域，楼台水阁、池鱼荷花，是地地道道的苏式园林风格。在这些现代化高校之中，这所学校像是一朵小小的池莲，安静从容，默默地坚守着本土艺术的传承之责。

这里，就是苏州评弹学校！

2006 年，苏州评弹（苏州评话、苏州弹词）被列入第一批国家级非物质文化遗产代表作名录。无论是评话还是弹词，都以苏州方言"吴侬软语"演绎。

苏州评话，题材内容多为王朝更替、军事征战、侠义豪杰，所以称为"大书"。评话只说不唱，和北方的评书有共通之处，最早可以追溯到唐宋说话和讲史。元代称"平话"，至明代"平话"与"评话"通用。一人、一桌、一椅，手上执一把折扇，备一小块方巾，桌上放一块醒木；一个眼神、两个动作、几句铺陈，便立马把听众带入金戈铁马的年代。

苏州弹词，题材内容大多取自传奇小说和民间故事，故又被称为"小书"。弹词有说有唱，既有说表叙事，又有三弦、琵琶弹唱抒情。弹词形成于明代，由宋元之间在民间流传的说唱形式——词话和陶真发展而来。弹词流行于南方，鼓词流行于北方。演出方式大多为双档，也有单人、三人的形式。走进一家书场，男演员着长衫儒雅潇洒，另一侧的女艺人则是身着苏式旗袍，清雅脱俗。一搭一档，一唱一和，将一段儿女情长的故事娓娓道来。

优美的方言、舒缓的节奏，是这门传统曲艺的优势所在。但在如今处处快节奏的环境中，也成了不可回避的传承难点。同时，在各国的人类非物质文化遗产传承中，普遍面临着人才短缺问题。

苏州评弹学校，一直在为苏州评弹输送着新鲜血液和年轻人才，同时兼顾理论研究、艺术创作，成为这一非物质文化遗产项目的中心，也成为传承人文内涵与精神魅力的殿堂。院落虽小，但作为"非遗"的一方阵地，在高楼大厦林立的现代新城中，愈加显得珍贵。

在新城区的繁华中忙碌中，保持一份平和心态，方能够领悟"苏式生活"的真谛。就如弹词开篇《珍珠塔》中唱的那样：

曲折池塘曲折径，

真是风来水面自然凉。

一阵风一阵香，

一阵阵凉风是一阵阵香。

千丝柳绿迎黄鸟，

一片蝉声噪绿杨。

枝上蝉声吟断续，

花间鸟语弄笙簧。

第二章　米字舒展，浅析苏州市区的形态

第二节　西·斜阳红树青山远

1

古城向西，让我们一起看"山"。

苏州位于长江三角洲，属于长江等水系长期沉积形成的平原。全市地势低平，一般高程为海拔 3.5 米至 5 米。

从地质学角度看，太湖片区为天目山余脉，因此苏州地区点缀着众多丘陵。古时，称太湖周边丘陵为"太湖七十二峰"。而从太湖往东北行进，斜着穿过整个苏州市域，山体越来越少，直到常熟的虞山。这些山都不算高，但点缀在平原之中、湖荡之间，座座"横看成岭侧成峰"，显得分外秀美。

支硎山，就是其中一座，由人得名。东晋支遁，号支硎，曾在此隐居。真是"山不在高，有仙则名"，引来后世很多诗人登山怀古。唐代刘长卿就写下一首《陪元侍御游支硎山寺》：

> 支公去已久，寂寞龙华会。
>
> 古木闭空山，苍然暮相对。
>
> 林峦非一状，水石有余态。
>
> 密竹藏晦明，群峰争向背。
>
> 峰峰带落日，步步入青霭。
>
> 香气空翠中，猿声暮云外。
>
> 留连南台客，想象西方内。
>
> 因逐溪水还，观心两无碍。

林峦、水石、密竹、群峰……都是古城西部的山水之秀。

1992 年 3 月，新建的苏州河西新区开始代管原属苏州市郊区横塘乡的永和、星火、曙光、落星、何山、狮山 6 个行政村。1992 年 11 月，苏州河西新区被国务院批准为国家高新技术产业开发区。① 此时的苏州新区，区域面积 6.8 平方公里。

---

① 苏州高新区：《区域概况》，http：//www.snd.gov.cn/hqqrmzf/qygk/list_ tt.shtml，发布日期：2022 年 5 月 25 日。

在这个小小的新城区内，山有两座：狮子山、何山。

1993 年，苏州河西新区改称苏州新区。苏州新区代管的区域范围面积扩至 16.8 平方公里；1994 年，扩大到 52.06 平方公里。

此时的苏州新区，东边还是以大运河为界，而南边接横山，西边接天池山，西北边靠近大阳山了。行政区内，山体就更多了，支硎山就是其中的一座。

2002 年，新一轮区划调整，建立苏州高新区、虎丘区（以下简称"高新区"），面积 223.36 平方公里。如果加上水面的话，共 332.37 平方公里。

此时的高新区，仔细数数，共有大大小小 56 座山头。

从规划角度讲，在这里进行的是典型的滚动开发，从离古城四五公里的京杭大运河西侧出发，不断向西梯次推进建设，最西边已经距离古城 35 公里左右，到了茫茫太湖边。

2

大阳山，浒墅关功能区的屏障。

在苏州高新区三大功能区示意图中，我们同样标注了古城的位置（图 2-3）。下一阶段，高新区将着力打造三大特色功能片区。山体众多的特色，也体现在了三个区域中。

我们就随手挑一座山，由山引出功能片区的话题。

首先说说大阳山：大阳山，位于古城西北 20 公里左右处。这里峰峦逶迤，青葱满目。主峰"箭阙峰"海拔 338.2 米，是苏州境内第二高峰，常有云雾缭绕。这里，有大阳山国家森林公园、植物园，有始建于东晋的文殊寺，有新近开放的苏州乐园森林世界，北麓山洼中还有一个漫山梨花开遍的村落……这里山美寺幽，古代就吸引了城内文人雅士纷纷探访。高启、王鏊、吴宽、王穉登都曾经登临，在这里文思泉涌，浩歌抒怀。

大阳山以东，就是浒墅关片区。浒墅关是个古镇，位于大运河边。明代以后，吴地商品经济蓬勃发展，大量人口进入手工业生产领域，很多田地改种经济作物。因此，苏州也从"苏湖熟、天下足"的地区，变为商品粮输入区。仅浒墅关一地，估计每年的粮食中转量达到上千万石，进而促进枫桥一带米市的形成。明正德年间，京杭大运河沿线设立七大钞关，征收运输商品税。到了清代，

图 2-3　古城与高新区①

浒墅关成为中央户部的二十四关之一，地位重要。

从古代的"十四省货物辐辏之所"，到如今的先进制造功能区，这片区域的未来可期。

3

庄里山，科学城功能区的中心。

与藏着隐士的支硎山、气象雄浑的大阳山不同，这座 68 米高的小山包实在是平平无奇。别说是古迹、古诗了，连个扯得上的故事都没有。不过，一不小心，这里成了一个大学的中心，一个科学城的中心。

2020 年，教育部正式批复同意建设南京大学苏州校区。南京大学就把这个小山包，收藏到了苏州校区里，还特意放在了东西校区的中间。庄里山东侧的校区，在 2023 年将迎来第一批本科生。整个校区交付使用后，本硕博办学规模将

---

① 苏州高新区管理委员会：《苏州高新区三大特色园区规划示意图》，发布日期：2021 年 3 月 10 日。添加古城位置示意。

达到 1.2 万人以上。

南京大学将在这里设置绿色化工学院、药物科学与工程学院、新能源与新材料学院、未来工程学院、新信息技术学院、智能学院、生态环境与大健康学院、地球系统科学学院、人类文明与跨文化学院、苏州未来金融学院等十大新型学院。

在这一功能片区，已经有中科院医工所、中移苏州研究院、中科院地理所、清华环境研究院等一批大院大所和创新平台。也是在 2020 年，高新区正式提出建设太湖科学城。这个科学城，以南京大学苏州校区为核心。

庄里山——一个村庄里的小山包，来了个华丽转身，成为一个科学城的中心。

4

狮子山，功能区不断更新。

在"十四五"规划中，高新区也提出将加快城市更新。这里我们举个狮子山周边的更新案例。

狮子山，状若卧狮，直到改革开放前，它只是大片农田环绕的一座小山，"狮子回头望虎丘"，默默地回望着虎丘山。古代，虎丘一直是标准的游赏景点，庙会、歌会，怎么热闹怎么来。而狮子山距离古城略远了些，有 5 公里的路程。虽然常有文艺青年来踏青，但是与虎丘相比还是略显冷清。

20 世纪 90 年代，狮子山前的狮山路两侧吸引了第一批外资企业入驻，但人气仍然显得有点不足。当时新城区开发主导者的思路超前：这里不能成为一个工业睡城，而是要导入人流，集聚人气。于是在狮子山脚下建设了苏州乐园及超市、公寓等系列配套设施。"迪士尼太远，来苏州乐园"，达到了预期效果。

从 1997 年正式开园到 2017 年闭园，20 年时间，苏州乐园承载了太多人快乐的童年记忆。不过，如今的消费业态已经变化，更何况迪士尼已经不远了，就在邻城。于是，苏州乐园迁入了大阳山中，成为自然山水中的儿童乐园、水上乐园。

在狮子山脚下，取而代之的是狮山文化广场。原来封闭的公园，变成了对市民 24 小时开放的公共空间。整个片区，除了山体、湖面、绿化外，布局有苏州

博物馆西馆、苏州科技与工业馆、艺术剧院三个场馆。

　　其中，苏州博物馆西馆（简称"苏博西馆"）已经于 2021 年开馆。

　　古城中的苏州博物馆，是新苏式建筑的经典作品。既符合博物馆的功能要求，体现一定的现代感，又与一墙之隔的拙政园无痕融合。中而新、苏而新，充分体现了贝聿铭的设计功力，更体现了他对于家乡城市脉络、建筑体系的深刻领悟。不过由于是古城内的城市更新项目，展陈面积不大。

　　而刚开放的苏博西馆，则是满满的现代风。"十个盒子"单体建筑与廊道组合，建筑外立面和内部墙体、地面皆选用石材，纹理独特，整体感强。毕竟是新城区的城市更新项目，建筑面积达到了 4.8 万平方米。西馆内设国际合作馆，定期交流展示世界各地的文物；推出首个苏州通史陈列展，以文物讲述苏州地区自旧石器时代以来的发展历程；而苏州工艺展，分为"雕玲珑""琢绮丽""绣华彩"三个部分，展示苏州的玉雕、缂丝等各类作品。

　　有意思的是，苏州博物馆内有一株紫藤，据说是当年文徵明亲手所种，被大家称为"文藤"。如今，文藤的分株已经被栽种在苏博西馆。一株具象的"文脉"，在悄然传承。

　　古城以西，狮子山下，一场充满文艺气息的城市更新正在进行。

5

　　更新，不忘传承。

　　科技新城，有大学，有企业，有研发平台，有创新载体，有创业氛围，年轻人在这里扎堆奋斗。正是在这个充满科技感的新城区内，一项非物质文化遗产——苏绣，得到了很好的传承。

　　自宋代起，苏州刺绣便具有一定规模，艺术水准也非常高。明代文震亨在《长物志》中记录："宋绣针线细密，设色精妙，光彩射目，山水分远近之趣，楼阁得深邃之体，人物具瞻眺生动之情，花鸟极绰约嚘唼之态，不可不蓄一二幅，以备画中一种。"[1]

　　到了清代，皇室绣品多出自苏绣艺人之手。发展巅峰时期，苏城绣庄有 150

---

① 〔明〕文震亨：《长物志》卷五。

家，绣工几万名。一直到近代，吴地穷苦人家女子，都常以刺绣贴补家用：有的给大家闺秀捉刀代工，有的为绣庄外包赶活。直到现在，苏州古城中仍旧保留着绣衣弄、绣线巷等名称。

2006年，苏绣被列入第一批国家级非物质文化遗产保护名录。主要传承单位是市区的苏州刺绣研究所，以及位于太湖边的镇湖街道。

不过进入现代，这费时费工的手工刺绣，面临着电脑机绣的直接挑战。同时，刺绣艺术品如何长期保存也是个需要科技攻关的课题。对于传统手工艺而言，让人忧心的是传承人越来越少，最后只留下博物馆中的一块块介绍展板，或是资料室中的一段段历史影像。

好在苏绣，有镇湖街道这个坚强有力的大后方。

这里号称有"八千绣娘"。其中，高级工艺美术师56名（研究员级高级工艺美术师23名），中初级职称绣娘245名，江苏省工艺美术大师14名，江苏省工艺美术名人8名。姚建萍、姚惠芬被文化部确定为国家级"非遗"（苏绣）传承人。

行走在老镇的一条小巷，或是驻足于田边一个农舍门口，都能看到七八十岁的老奶奶，架着老花镜，一边晒着太阳，一边气定神闲地在绣架上飞针；也时常能看到七八岁的苏州"小娘鱼"，安静地坐在绷架前，跟着大人学刺绣。

在镇湖，有美院办的绣娘大专班，有成为刺绣大师的"绣男"，有专注现代艺术创作的"绣二代"，有获得多项专利的创新针法，有献礼国家重要活动的新作力作……

一切的一切，简直就是"非遗"传承的理想状态！

唐代杜甫《小至》这首诗举重若轻：

刺绣五纹添弱线，

吹葭六琯动浮灰。

岸容待腊将舒柳，

山意冲寒欲放梅。

小至就是冬至前一日。过了冬至，白日渐长，绣女们可以多绣几根五彩丝线了，春天气息正悄悄孕育……真心希望苏绣，也能在春天继续绽放。

第三节 南·大湖平舒粼粼波

1

古城向南，让我们一起阅"湖"。

从统计数据来看，苏州是个标标准准的水城：

北枕长江，西濒太湖，雨量充沛，水资源丰富。这里属于亚热带湿润性季风海洋性气候，2020 年的降水量为 1 569.6 毫米。区域内水道纵横，湖泊密布，构成河湖交织、江海通连的水网格局。根据《苏州统计年鉴 2021》，河流、湖泊、滩涂面积就占了全市土地面积的 36.6%。纵横交织的江、河、溪、渎，大小湖荡串连起来，形成了江南水乡特色。

水，是滋养城市的源泉。正是这城内城外纵横密布的水网湖荡，将苏州城市的个性勾勒出来，成为苏州作为历史文化名城的魅力之源。我们常说，无论是小桥流水人家的城市风貌，温婉儒雅的民风特质，还是昆曲、评弹、苏绣、苏工技艺等文化传承，都是在水的浸润中积淀形成的瑰宝。

苏州城南的两个区，吴中、吴江，既保留了"吴"这个苏州的传统名称，又都和湖密不可分。

明代名臣、文学家王鏊，出生在太湖边东山陆巷村。在一次归乡省亲时，他看到熟悉的太湖山水，有感而发，赋诗一首《归省过太湖》：

> 十年尘土面，一洗向清流。
>
> 山与人相见，天将水共浮。
>
> 落霞渔浦晚，斜日橘林秋。
>
> 信美仍吾土，如何不少留。

如今我们走在陆巷村的石板街道上，王家的"惠和堂"仍在，山水依然，落霞、渔浦、斜日、橘林……

2

更新，在吴中。

吴中区在古城南边，拥有陆地面积 745 平方公里。

而吴中管辖的太湖水面，竟达到 1 486 平方公里，是太湖面积的五分之三；吴中沿太湖的岸线，总长共 184 公里。

古代太湖边的一众丘陵称为"太湖七十二峰"，吴中独揽 58 峰。其中以 341 米的缥缈峰为首，经常被云雾笼罩，犹如传说中的缥缈仙境。从唐代陆龟蒙、皮日休开始，引得太多诗人歌咏抒怀。

太湖汪洋三万六千顷，以及沉浸其间的七十二峰，盛产各类水产、水果、茶叶，也盛产诗歌散文、典故传说。从古至今，都是苏州百姓踏青郊游的好去处。

这里自然山水优美，文化旅游资源自然丰富，从最东头的甪直，到最西头的金庭，处处都有生态文旅宝藏。目前，拥有 1 个国家旅游度假区、1 个国家 5A 级景区、5 个国家 4A 级景区、6 个太湖国家风景名胜区，4 个国家级历史文化名镇、5 个国家级历史文化名村。

太湖，不仅风景优美，更是江南地区的重要水源和生态屏障。2021 年，吴中区制定了《太湖生态岛发展规划（2021—2035）》，涵盖西山岛等 27 个太湖岛屿和水域，总面积 84.22 平方公里，主旨就是促进太湖生态岛生态保护和绿色发展。

在吴中，可以在吴文化博物馆欣赏"吴韵古风"，也可以去吴中太湖新城的 360 度旋转剧场看一场现代剧。

在吴中，可以东赴甪直，寻访陆龟蒙宅中的悠闲鸭池；可以西登穹窿，感受孙子著书时的强大气场。

在吴中，可以随意选择一个民宿，偷得浮生半日闲；也可以精致露营，围着篝火跳舞高歌……

吴中，实在是太湖边的一处宝藏。

说回本书的主题——城市更新。

吴中区"十四五"规划图中，深色部分是吴中核心城区（图 2-4）：下半部分靠近太湖，与吴江区一起，打造了太湖新城；而上半部分与苏州古城距离很近，正是古城向南延伸的苏州市区扩展区域。经过多年发展，这里发挥便利的轨道交通优势，大力推进城市更新，全面融入苏州城区同城发展。

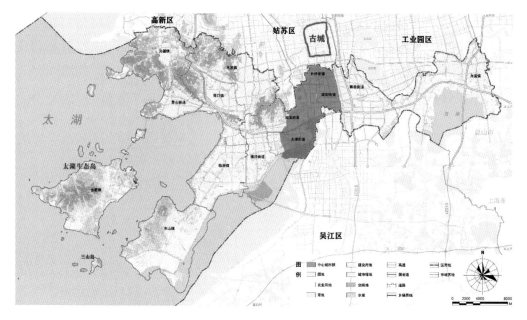

图 2-4　古城与吴中区①

3

更新，在吴江。

吴江区位于吴中区以南。如果说吴中是拥抱大湖之秀，吴江就真可以称得上千湖之城了。

吴江总面积 1 237.44 平方公里，区内河道纵横交错，大小湖泊星罗棋布。②

吴江之水，孕育了同里、黎里、震泽等中国历史文化名镇。例如建于宋代的同里镇，面积仅 1 平方公里，但就因为水的灵气，拥有 15 条河道，49 座石桥，成为一座名副其实的水乡古镇。

吴江之水，孕育了明清江南丝绸中心。作为吴地传统手工业，丝织在明清达到高峰。清光绪年间，仅吴江的盛泽一镇，全年丝绸产量就有百万匹之巨。

吴江之水，孕育了一批现代企业。其中民营企业总数超 8 万家，注册资本突破 4 千亿元。恒力、盛虹入围世界企业 500 强，亨通等 4 家企业入围中国企业

① 苏州市吴中区政府：《苏州市吴中区国民经济和社会发展第十四个五年规划和二〇三五年远景目标纲要》，第 15 页，发布日期：2021 年 5 月 3 日。添加古城位置示意。

② 苏州市统计局：《苏州统计年鉴 2021》电子版，表 1-1，https://www.suzhou.gov.cn/sztjj/tjnj/2021/zk/indexce.htm，访问日期：2022 年 5 月 17 日。

500 强，永鼎等 5 家企业入围中国民营企业 500 强。①

在吴江区"十四五"交通图中，我们标注了几个功能片区，以及与古城及吴中区的位置关系（图 2-5）。可以重点关注两个方面：

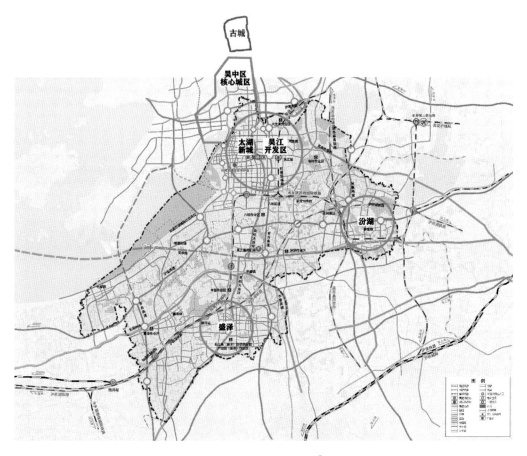

图 2-5　古城与吴江区②

一是吴江城区由东太湖度假区（太湖新城）和吴江开发区的建成区组成，是吴江能级最高的城市节点和城镇体系的核心。这里虽然与古城相距 20 公里，但与吴中区的城区核心紧密连接在一起。可以说，从古城向南，城市的建成区已经贯穿吴中、吴江，形成了"米"字城区中那稳健的一竖。

————————

① 吴江区政府：《苏州市吴江区国民经济和社会发展第十四个五年规划和二〇三五年远景目标纲要》，发布日期：2021 年 3 月 22 日。

② 苏州市吴江区交通运输局：《吴江区交通运输"十四五"发展规划》，发布日期：2022 年 3 月 28 日。添加古城位置示意及部分标识。

二是吴江东部的汾湖区域，与上海的青浦、浙江的嘉善接壤。这里，正在建设长三角生态绿色一体化发展示范区。通过推进沪苏同城化，全力建设先行启动区，探索一体化制度创新等一系列举措，这里将成为长三角一体化发展的标杆。

吴江区的"十四五"规划，明确提出全面推进城市有机更新。

在吴江，古人讲的是"莼鲈之思""退思之园"。水乡古镇的确是归隐田园的佳处。

在如今的吴江，听到的是龙头企业一项项核心技术突破，看到的是云梨路边一幢幢成长中的在建楼宇，更可期待的是：在长三角一体化发展中，一项项跨区域的制度创新和政策突破，例如规划管理、土地管理、投资管理、要素流动、财税分享、公共服务，以及生态管控、公共信用……

4

简述了古城南部的城区发展、城市更新，读者你可能已经猜到：在这里，我们又会讲点非物质文化遗产的故事了。因为，这些"非遗"项目，是文脉传承的一种最佳体现方式。古城向南，太湖之畔，吴文化的印迹处处可见。篇幅所限，我们拎出一山、一村。它们是再普通不过的丘陵和村落，但都以传承高超技艺而享有盛名。

香山。

太湖边的小山，穹窿山的支脉之一。这里，一个建筑工匠群体打出了品牌，不仅参与了江南众多的建筑设计建造，更是以建设紫禁城而天下扬名。他们就是香山帮匠人。

蒯祥，明洪武年间出生，香山帮匠人中的泰斗级人物，参与设计营造明皇宫三大殿、天安门、五府六部衙署和御花园。他还将苏州的御窑金砖等材料，运用到皇宫建设中去。据说他"凡殿阁楼榭，以至回廊曲宇，随手图之，无不中上意"。蒯祥一路做到了工部的副部长——工部左侍郎。工部是六部之一，掌全国土木兴建、水利工程及各项器物制作等事务。一直到八十多岁，"蒯鲁班"仍在主持大型工程建设工作。

香山帮匠人，通常以木匠领衔。领衔的木匠，实际上兼任建筑设计师和工程队队长两项职责。香山帮匠人在长期的建筑实践中，形成了各类专业工种：木匠、泥水匠、石匠、漆匠、堆灰匠、雕塑匠、叠山匠、彩绘匠等。木匠还分为"大木"和"小木"。大木上梁、架檩、铺椽，做斗栱、飞檐、翘角等；小木做门板、挂落、窗格、地罩、栏杆、隔扇等建筑装修，从小木中还衍生出专门的雕花匠。专业分工越细，标志着建筑技艺越成熟。

不过，这些能工巧匠的"十八般技艺"多数靠师徒父子秘教单传。即便工匠有心记录，也由于文化水平所限，很难付诸笔墨。苏州的历史、诗咏、杂记非常丰富，可惜的是，本土建造的系统性专著严重不足。好在清末，香山帮匠人姚承祖写了《营造法原》初稿，清晰地梳理了吴地建筑体系，这部著作是苏派建筑的建造指南。

2009 年，苏州香山帮传统建筑营造技艺（打包入选传统木结构营造技艺）入选人类非物质文化遗产代表作名录。如今，香山帮的老师傅仍活跃在重要古建现场。为应对青年人才缺乏的问题，苏州国企风景园林集团出台"香山人才培养计划"，投入专项资金，通过传承人"师带徒"等方式，培养新一代的香山帮高技能工匠。

舟山村。

明清江南，除了玉石赏玩雕琢外，也流行竹雕、牙雕、核雕等精雕、微雕艺术，以竹根、竹节、象牙、牛角、桃核、橄榄核作为原材料，刻山水人物、花卉鸟兽等。作品精巧有致、雅俗共赏。核雕，因为明代魏学洢的《核舟记》，为很多人所熟悉。

对于民间手工艺的水准，《周礼·考工记》中有这样一段描述："天有时，地有气，材有美，工有巧。合此四者，然后可以为良。"[①] 天时地利是客观因素，而选材与工艺是主观因素。这里说说核雕的选材——核。

核雕最早用的是桃核，缘起于古人相信桃木能驱鬼辟邪。不过，真要是搞把桃木剑带在身上总是累赘，那就带个桃核充充数吧。后来，也用橄榄核、杏核、杨梅核、核桃等作为载体，进行艺术加工。在苏工"南派"核雕艺术中，明代有王叔远的精雕桃核、邢献的精雕核桃、夏白眼的精雕橄榄核，清代乾隆时有"鬼工"杜士元的核桃与橄榄核雕。到了近代，原料选用南方的一种"乌榄"果核，这种橄榄核与桃核相比，表面光洁，质地致密，容易施刀，因此更能体现苏

---

① 〔周〕周公旦：《周礼》卷三十九《总叙》，《四部丛刊初编》本。

工艺术水准。

核雕能够表现山水、风景、花鸟、人物、罗汉、菩萨等形象，造型鲜活、玲珑多巧、立体感强，制成的扇坠、佩件、串珠等文人清玩，成为人们玩赏收藏的珍品。明清时期，这门民间艺术到了盛行期，人们把核雕与金玉珠宝串起来，或垂挂于衣带，或吊坠在扇子下面，起到装饰和点缀作用，也可以在手中把玩，成为又一种流行全国的苏工艺术品。

也许真是与"舟"字有缘，古代有《核舟记》，而近代核雕的发源地，是苏州光福的舟山村。最早的一位大师叫殷根福，原本从事竹雕、牙雕，因为一次偶然的机会开始了核雕创作。他以五刀"定位"的技艺——鼻头一刀、眼睛二刀、耳朵二刀，三刀两刻，一个罗汉的轮廓就展现在眼前。当然，此后还要靠慢工细活地慢慢琢磨。他的儿女、徒弟，逐渐在舟山村形成了艺人梯队。如今的小小村落，聚集了一批核雕艺匠。

2008年，光福核雕被列入第二批国家级非物质文化遗产名录。当然，与很多传统雕刻类手工艺一样，核雕也面临着数码雕刻的冲击。如何加强艺术类人才培育，强化表现手法创新，是这一非物质文化遗产面临的首要课题。

城市更新中，什么该"留"，什么该"拆"，其实是一个无比严肃的命题。在快速城市化的时代进程中，舟山村这样的小村落得以整体保留，实属富有远见的决策。这类国家级非物质文化遗产，放在原有的发展环境中得到滋养，才更具特色与生命力。

我们以宋代杨备的一首《长洲》，为这"湖"的故事收尾：

> 太湖东西即长洲，
>
> 临水孤城远若浮。
>
> 雨过云收山泼黛，
>
> 管弦歌动酒家楼。

第四节 北·九州通联车马喧

1

古城向北，让我们一起寻"路"。

明代沈周出生在如今的相城区，我们以他的一首《题画》，开始古城外、山水间的第四段行走：

> 碧水丹山映杖藜，
>
> 夕阳犹在小桥西。
>
> 微吟不道惊溪鸟，
>
> 飞入乱云深处啼。

在相城区"十四五"交通铁路规划图中，我们标明了古城位置（图2-6）；而相城区东侧的湖泊，便是四角山水中的阳澄湖。

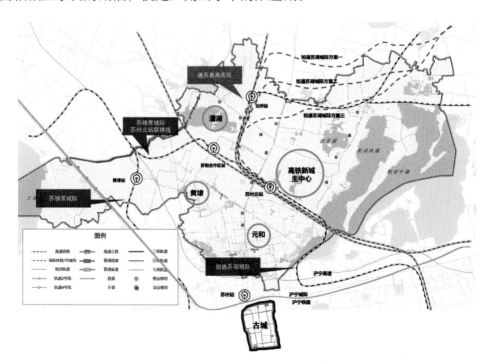

图2-6 古城与相城区①

---

① 苏州市相城区交通运输局：《相城区"十四五"综合交通运输体系规划》，发布日期：2022年1月27日。添加古城位置示意及部分标识。

清末通车的京沪铁路，如今的沪宁铁路，位于古城的北侧。沪宁城际铁路是2010年开通的，有效补充了宁沪间的运力。与之几乎并行，贯穿苏州市域东西的，是1991年动工的宁沪高速公路。2021年，宁沪高速公路日均流量约10.19万辆①。

路，极大地促进了苏州经济发展。

不过从城市规划角度看，在传统城市形态中，这类大型交通线路就如同大江大河，往往成为地理分隔线，客观上形成区域发展不平衡状态。可以说，这也是20世纪80年代苏州的规划者们考虑新城发展方向时，主要往东西向规划新城区的原因之一。

路，在20世纪，成为在新城区拓展时一道心理上的藩篱。

2

路，是走出来的。

因此，古城北向，是个相对年轻的片区。2001年，正式设立相城区，区域面积489.96平方公里。好在现代城市中高架、下穿通道越来越普遍，2012年起，苏州又开始有了地铁，市区被紧密联系在一起。

但区域发展的"爆点"，还在等待一个契机。

这个契机，又与路有关。

2011年后，我国高铁网络不断完善，向着"八横八纵"的交通布局发展。相城区紧紧抓住了苏州新设高铁北站的机遇，超前规划了围绕高铁枢纽的高铁新城，并积极融入长三角区域大交通中。高铁苏州北站是京沪高铁和在建的通苏嘉甬高铁两条高铁的交会点，今后还将与苏锡常城际铁路、如通苏湖城际铁路交会，成为一个铁路枢纽中心。

未来苏州，将形成一个"丰"字形铁路网络："丰"字第一横是北面的南沿江铁路和沪通铁路；中间一横是京沪高铁、沪宁城际铁路及京沪既有线；下面一横是沪苏湖高速铁路；中间的一竖是通苏嘉甬高速铁路。在苏州的城市竞争力中，铁路将发挥更大作用。

---

① 江苏宁沪高速公路股份有限公司：《2021年年度报告》，发布日期：2022年6月15日。

3

更新，更要传承。

新城区内，在四通八达的交通网络、一片片现代化的楼宇之中，一个博物馆值得特别关注。苏州御窑金砖博物馆建在新城区的绝佳位置，占地面积近 4 万平方米。

这个地方本来叫作陆慕村，由于阳澄湖边的黄泥切面光滑、富有光泽、干强度及韧性高，非常适合烧制砖瓦，从汉代起就有砖窑。明永乐年间，朱棣迁都北京，大兴土木建造紫禁城。经"蒯鲁班"推荐，特派官员到这里监制金砖。明清两代，这里一直是"奉旨成造"，并通过运河为紫禁城提供"金砖"。

2006 年，苏州御窑金砖制作技艺被列入第一批国家级非物质文化遗产保护名录。当然，这砖不是真金的。根据博物馆官网记载，之所以叫"金砖"有三个原因：一是因为其质细而实，敲之有金石之声；二是因为金砖制造的工艺繁复，要经历取土、练泥、制坯、焙烧和窨水等二十多道工序，造价昂贵；三是因为金砖在古代只能运至京城的"京仓"供皇宫专用，故名"京砖"，后称为"金砖"。按照今天的尺度，金砖固定的规格是边长 66 厘米，厚 8 厘米，重 70 千克。

为保护珍贵的历史文化遗存，御窑金砖博物馆于 2016 年开馆，建筑面积 1.5 万平方米，整体围绕御窑遗址展开。主馆建筑敦朴稳重，外墙采用清水混凝土材料，以延续古代工艺的质感；辅以煤矸石砖相衬，镂空的运用、光线的引入，融入了移步换景、曲折迂回长廊的园林元素。整体设计水准堪称一流。

馆中将御窑金砖"开物""成器""致用"的历程完整呈现，展现了从黄泥到金砖的过程。有意思的是，晚清一座双孔连体御窑就位于博物馆地块的西侧，保存完整，仍可以继续使用，是一个典型的"活文物"。

这一点，更加值得点赞！

新兴城区中心，占地面积大，原来又是砖窑、又是堆场的……最简单的决策是一推了之，竖起高楼大厦。但这里，不仅活态保留了部分生产设施，而且与精心设计的博物馆有机结合，成为国内不多的物质和非物质文化双遗产保护单位。

御窑，一个"活"的博物馆。

御窑，一个优秀的城市更新项目。

…………

我们用一章，一口气谈了五个行政区。这些新城区以古城为根，如枝蔓般四向发展，与古城四角的山山水水一起，构成了如今苏州市区舒展的"米"字结构。

本章收尾，我们小结一下这些新城区的特点，引出下一章，详细讲述"米"字中心的情况。

小结　城市之核

高楼大厦，是新城区的身姿；新兴产业，是新城区的肌肉；而江南文化的点染，为新城区增加了独特的气质。

新的城区，追求的是高起点，高标准。建设中着力综合管廊、能源中心、地下空间，规划中布局优质教育、综合医疗、大型商综，配套体育中心、博物馆、大剧院……

在这五个新城区内，建成区也都先后迈入存量时代，正在进行或正在谋划着一批城市更新项目。存量更新，肯定比空地上建设复杂很多，牵扯多方主体。不过，新城区的更新，多是腾退老旧厂房并打造高标准产业园，通俗地说就是"退二优二"；或者显著提高容积率，进行商住综合开发，就是我们常说的"退二进三"。

更难能可贵的是，在快速城市化推进中，各个行政区都非常注重对于江南文化的保护与传承。走过路过，不能错过。我们顺路介绍了评弹、苏绣、香山帮、核雕、御窑金砖 5 个世界级、国家级非物质文化遗产项目。

改革开放以来，苏州的各个区、县呈现"竞合态"。个个生龙活虎，人人开足马力。在"你追我赶"中爆发出最大潜能，带来了苏州整体城市经济的高速发展。

当前，苏州正在着力推进市域一体化发展，构建以 6 个区为一个大组团、4 个县级市为副中心的"1+4"格局，形成大苏州的整体合力。

下一章，我们来到苏州"米"字市区中心，保护与更新的重点区域……

第三章

保护为先，浅谈历史城区的特点

轻·慢漾轻舟动涟漪

重·自古江南繁华地

缓·桥窄巷深宜徐行

急·风樯摇动劈波起

引子　古城

苏州市区包括 6 个行政区。第二章，我们一口气跑了 5 个。

经历快速城市化后，这些新城区也已经进入存量时代。

和很多城市一样，与新城区相比，老城区的城市面貌、人居环境相对陈旧。而且新城区在产业、人才等方面往往会产生虹吸效应，使得老城区的发展相对乏力。

这里，我们放缓步伐，气定神闲，用一整个章节，行走"米"字中心——姑苏区；行走姑苏区的中心——苏州古城。

从第一章我们了解到，根据 2020 年数据，苏州市区面积共 4 652.8 平方公里；苏州市区的建城区面积，共 481.3 平方公里。姑苏区在 6 个城区中，国土面积最小，共 83.4 平方公里。

和很多城市的旧城区一样，姑苏区基本"满铺"：根据 2020 年的统计，姑苏区的实际总建设用地规模为 72.34 平方公里，已占到辖区面积的 87%。新增建设用地稀缺。

城市更新，成为必然的选择。

既是必然的选择，那么直接开始"更新"城市不就行了？且慢，这里我们必须按一下"暂停"键，因为：

在姑苏区这一行政区中，包含一个 14.2 平方公里的古城，而这座古城已经拥有了 2 500 多年的历史。1982 年，苏州被列入全国第一批历史文化名城。40 年来，在各级政府努力与社会各界支持下，这座古城保持了良好的整体风貌，一批文保建筑得到了良好的保护。

因此，本章的标题是"保护为先"。

那么，"历史城区"又是指什么呢？

这是一个历史文化名城保护的重要区域概念（图 3-1）。苏州古城以护城河为界，面积 14.2 平方公里。自唐代起，古城西北阊门外，沿山塘河、上塘河一带逐渐成为外溢的商业区。虽经战火硝烟、王朝更迭，但商业区格局得以保留，共约 5 平方公里。从历史文化角度讲，以上这些区域内处处是宝藏，是个标准的

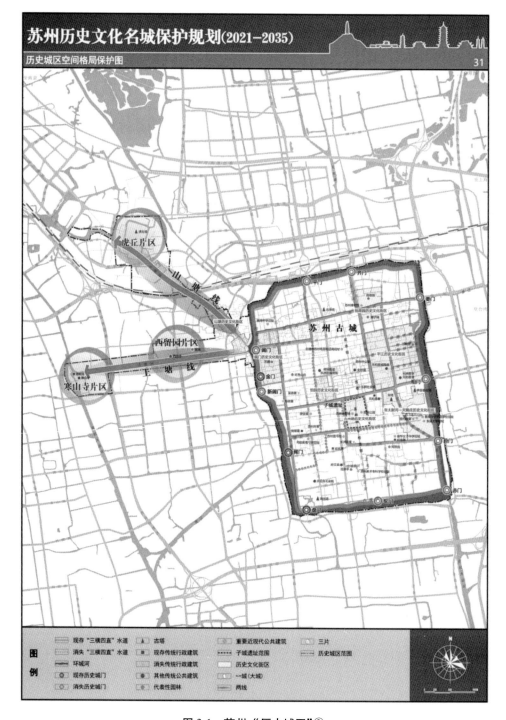

图 3-1　苏州"历史城区"①

———————————

① 苏州市自然资源与规划局:《苏州历史文化名城保护专项规划(2035)》(公示稿),发布日期:2020年 10 月 17 日。

"聚宝盆"。因此：

2013 年，江苏省人民政府批复《苏州历史文化名城保护规划 2013—2030》，明确：苏州历史城区的保护范围为古城和沿山塘线至虎丘、沿上塘线至寒山寺的沿线区域，面积约 19.2 平方公里。

2017 年，江苏省人大常务委员会批准《苏州国家历史文化名城保护条例》，明确：苏州国家历史文化名城保护的重点是历史城区，历史城区的具体范围为苏州历史文化名城保护规划确定的一城（护城河以内的古城）、二线（山塘线、上塘线）、三片（虎丘片、西园留园片、寒山寺片）。

苏州历史文化名城、名镇、名村的保护体系比较完善，涵盖整个苏州大市范围。而这"一城二线三片"共 19.2 平方公里的"历史城区"，始终是苏州历史文化名城保护工作的聚焦点，也是姑苏区这个"国家历史文化名城保护区"工作的着力点。

在本书后续章节中：引用正式文件时，会分别出现 19.2 平方公里的苏州"历史城区"和 14.2 平方公里的苏州"古城"两个概念；而在一般性叙述中，为了方便阅读，都以苏州"古城"作为统称。

第一节　轻·慢漾轻舟动涟漪

1

轻，在三维形态。

铺开地图，苏州的"米"字形市区，姑苏区在中心；而古城，则是中心的中心。

大型城市，特别是新建城市，往往呈现中间高、四周低的天际线。越往中心城区，越是高楼林立；越往市郊，则建筑密度越低。

当然，世界上一些历史名城，老城形态保护完整。因此，也常有旧城低矮古朴、新城高楼密集的情况。苏州，就是这样一个典型。

唐代时，白居易登上阊门城楼，作《登阊门闲望》。在他的眼中：

阊门四望郁苍苍，始知州雄土俗强。

十万夫家供课税，五千子弟守封疆。

阊闾城碧铺秋草，乌鹊桥红带夕阳。

处处楼前飘管吹，家家门外泊舟航。

云埋虎寺山藏色，月耀娃宫水放光。

曾赏钱唐嫌茂苑，今来未敢苦夸张。

如今，你我一起登高，往下看古城，虽然有很多现代建筑穿插其中，但整体风貌仍保持着历史感，片片粉墙黛瓦，处处江南风韵。

第二章分析，古城四周的新城区在不断拔高。而且高楼不断外延，从世纪之初的紧贴古城，不断向四个方向伸展。

登上北寺塔，向古城四周远远眺望：东是我们第二章提及的环金鸡湖高层建筑组团，最高 450 米，楼群现代感十足；向西，是狮山路的楼群，目前建成的仍以 200 米左右楼宇为主，由于相对集中，天际线也非常优美；向南，太湖新城有 358 米超高建筑；北向也有 233 米的楼宇。

可以说，从三维角度，古城一直保持轻盈优美的体态；而古城周边的新城区，越长越高、越来越密。这种古、今强烈的反差，也成为当代苏州市区独具魅力的景观。

不过，从城市形态而言，"米"字形市区的中心，却是最低平的。不免让人担心，这会不会像一个盆地，淹没在四周的楼宇之中？

幸运的是，古城虽然不算大，毕竟有 14.2 平方公里的适宜尺度。

更幸运的是，2 500 多年前伍子胥这个天才总规划师，城址选得实在好，把古城定在了"四角山水"之间。这点我们将在第五章专门阐述，向他致敬。这四个天然绿楔，客观上限制了围合式的城市发展，而是向东、西、南、北四方伸展。

苏州市区并没有形成一个盆地形态，而是在快速城市化过程中，逐渐形成了一个中间平、四面高、四角低的立体结构。自然山水向城市空间渗透，逐渐形成了一个"古城—山水—新城"相间的理想状态。加上古城之中，又点缀着一批古典园林，形成了"园中有城、城中有园；园中之城，城中之园"的城市特质。

《苏州的城市设计导则》将市区"水乡基底、四角山水"的山水格局系统归纳得尤为到位①：

> 隽山为屏、湖荡为界
> 田野渗透、四角成楔
> 水网密布、绿带环绕
> 城景相融、精致江南
> ············

2

轻，在产业结构。

1986 年 6 月，《国务院关于苏州市城市总体规划的批复》明确要求：

苏州市的经济发展，特别是工业发展，要在市域范围内统筹安排，形成合理的工业布局和城镇体系。

市区要逐步调整经济结构，积极发展为人民生活和旅游事业服务的各种产业，保护和发展具有传统特色的丝绸、刺绣等产品。

古城内严禁再新建或扩建工厂，也不宜新建吸引大量人流的公共建筑。对严重污染环境的工厂，要逐步迁出。

---

① 苏州市自然资源与规划局：《苏州市城市设计导则》，第 2 页，发布时间：2019 年 8 月 7 日。

为了保护古城，苏州各区共同努力，自 20 世纪 90 年代起，一些制造企业陆续从老城区迁出。

特别是 2003 年后，古城里弄街巷中 200 多家大大小小的工厂悄然退出老城区，涉及的国有、集体企业职工达 10 多万人，涉及厂区面积 3 427 亩。

这些企业有的进入集中产业园区，有的在新城区自购地块；有的关停并转，有的经过努力发展壮大。例如现在发展良好的苏州试验仪器厂、长风电子厂等。

留在古城中的老厂房，也纷纷成为服务业、创意产业的集聚地。例如，东中市的姑苏 IP 创意产业园，前身是苏州五金产品加工场，目前入驻了多家设计、出版、文化创意公司。临顿路花里巷产业园，原来是苏州缝纫机厂，现在主打"工业遗存+产业园"。这些老旧厂房，既承载着记忆，又正在焕发出新的活力。

从姑苏区的三次产业占比就可以发现这一举措的效果：2020 年，姑苏区的地区生产总值中，第三产业占比达到了 92.4%（表 3-1）。姑苏区已从传统工业区转型成为服务业绝对主导的城区。区内旅游、商贸仍具有一定的优势。

表 3-1　分地区生产总值①

		姑苏区	吴中区	相城区	高新区	园区	吴江区
产值/亿元	地区生产总值	819.90	1 343.78	935.66	1 446.32	2 907.09	2 002.83
	第一产业	—	20.18	8.31	1.26	0.81	37.50
	第二产业	62.10	599.07	455.50	689.68	1 406.80	1 000.20
	第三产业	757.80	724.53	471.85	755.38	1 499.48	965.13
构成/%	第一产业	—	1.5	0.9	0.1	—	1.9
	第二产业	7.6	44.6	48.7	47.7	48.4	49.9
	第三产业	92.4	53.9	50.4	52.2	51.6	48.2

不过，随着城市化的发展，原本在制造业领域深耕的各个新城区，服务业占比都已经超过或接近 50%。加上产业融合化程度在不断提高，各个新城区都将加速跨入服务经济阶段。姑苏区的传统服务业面临着新的挑战。

苏州是制造业强市，相关金融及高技术服务业发达。这类服务业，倾向于向客户靠拢。为了保护古城，制造业迁出。加上新城区的土地、政策虹吸效应，大量机构总部迁出。原先在古城内的银行、保险等金融机构总部，律师事务所，会

①　苏州市统计局：《苏州统计年鉴 2021》电子版，表 1-14，https://www.suzhou.gov.cn/sztjj/tjnj/2021/zk/indexce.htm，访问日期：2022 年 5 月 17 日。

计师事务所，检测机构，规划设计院，等等，留下来的已所剩无几。

这些金融机构和高技术服务业总部，在新城区、新场地扩大规模，不断发展。从城市整体而言，做足增量，促进了苏州经济社会的发展。

但同时，我们也应该看到老城区为保护古城的默默付出，为城市整体发展所做出的巨大贡献。

3

轻，在人口占比。

据第七次全国人口普查公报：苏州全市常住人口为 1 274.83 万人。与第六次全国人口普查相比，共增加 228.88 万人，增长 21.88%，年平均增长率为 2%。全市常住人口中，居住在城镇的人口为 1 041.84 万人，占 81.72%。①

其中，姑苏区的常住人口为 92.4 万人，与十年前相比，占苏州全市的人口比重从 9.13% 降低到 7.25%。②

2020 年年底，苏州市区就业人口数量如表 3-2 所示。由于苏州各区之间联系非常紧密，户籍人口、流动人口、就业人口交织，情况复杂。但从总量角度不难发现，姑苏区的就业人口比重是市区最"轻"的。

表 3-2　市区就业人口表③

单位：万人

	常住人口	户籍人口	就业人口
姑苏区	92.42	74.77	43.31
吴中区	138.91	73.33	82.94
相城区	89.11	46.85	52.86
高新区	83.26	45.03	48.90
工业园区	113.40	59.49	66.99
吴江区	154.52	87.67	92.56

---

① 苏州市统计局：《苏州第七次全国人口普查公报》第一号，发布日期：2021 年 5 月 28 日。

② 苏州市统计局：《苏州第七次全国人口普查公报》第二号，发布日期：2021 年 5 月 28 日。

③ 苏州市统计局：《苏州统计年鉴 2021》电子版，根据表 2-2、表 2-5、表 2-9 汇总，https://www.suzhou.gov.cn/sztjj/tjnj/2021/zk/indexce.htm，访问日期：2022 年 5 月 17 日。

4

轻，在经济总量。

姑苏区自成立以来，一方面做好历史城区保护工作，一方面主要经济指标也在不断攀升：2021 年，实现地区生产总值 886.7 亿元，同比增长 6%；一般公共预算收入 67.5 亿元，同比增长 5.7%；全社会固定资产投资 247.5 亿元，同比增长 4.5%；社会消费品零售总额 978.9 亿元，同比增长 18.1%。[①]

不过，放在苏州历来"比学赶超"的氛围中，各个新建市区的步幅一个比一个大，还不时来个冲刺。相比之下，和很多城市的老城区类似，姑苏区的增长速度就不免显得慢了。

在苏州城市大的格局中，保护与发展呈现出一个"异地平衡"的局面，并且由于顶层设计合理，各地执行到位，可以说是：古城保护得更好，新城发展得更快。

但在这个过程中，随着产业逐渐转移、企业普遍外迁、就业人口流出，并且土地空间"成长"资源缺乏，古城呈现了一定程度的空心化，缺乏自我造血能力。

形态上相对矮了，产业、人口、经济总量在市区的比重轻了……

姑苏区，以及合并前的平江、沧浪、金阊三个老城区，为历史城区保护的付出，真的很多。

---

① 苏州市姑苏区人民政府：《保护区、姑苏区概况》，http://www.gusu.gov.cn/gsq/gsgk/nav_lmtt_ly.shtml，发布日期：2022 年 4 月 24 日。

第二节 重·自古江南繁华地

1

重，在于保护之责。

历史城区内，保护有形的城址、格局、风貌、街区、古典园林（图 3-2）、文化遗产、各级文物等，责任重于泰山。

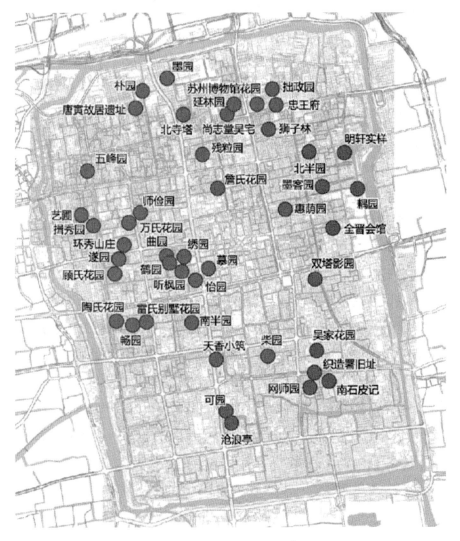

图 3-2 古城内园林分布①

---

① 姑苏区政府：《姑苏区分区规划暨城市更新规划（2020—2035）》，2021 年。

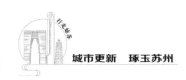

对于历史城区的保护，苏州是一以贯之的。

从 1986 年的总体规划，到最新的《苏州历史文化名城保护专项规划（2035）》公示稿，处处体现了规划者、管理者、执行者的坚守与执着。

下面，我们摘录公示稿中的相关内容，以便于读者了解"历史文化名城"保护和"历史城区"保护涵盖哪些方面：

◉ **城址环境的保护**

保护"一面望山、七面环湖、多水入城环，四角山水、古城居中"山、水、城、林交融一体的城市特色，加强与城址环境密切相关的山、水、景观视线要素等历史文化环境的整体保护、控制和管理。

统筹协调历史城区周边地区风貌，在历史城区周边的新城建设中传承、发扬、诠释苏州建筑文化和地域特色。

加强"古城—新城"城市整体天际线塑造。保护控制山水城市格局眺望关系，构建展示城市特色风貌的景观眺望系统。确定狮子回头望虎丘（狮子山望虎丘塔）、北寺塔望虎丘、虎丘望苏台望古城、瑞光塔望横山 4 条看历史景观视廊；保护山体之间互望的看山水景观视廊。

◉ **整体格局的保护**

规划确定"一城两线三片区、水陆并行双棋盘、三横四直环连扣、城河两环天际线"的历史城区历史空间格局、形态保护内容。

保护"一城、两线、三片"的平面形态。

保护由古城城墙、外城河、内城河及城墙环境构成的城市轮廓。

保护双棋盘古城空间格局，河街空间形式和尺度。保护"三纵三横一环"的水网骨架与现存河道水系，再现"三横四直"历史水系格局。分级分类保护历史街巷、特色街道。

保护重要历史文化空间，包括"一府三县同城治"历史行政空间，以及其他重要商业、宗教、文教等传统历史公共功能空间。

保护"塔殿相峙、以点控面"的城市空间轮廓特色，保护由塔、城门城墙、公建、民居街坊建筑群、古桥构成的生动而有韵律的古城天际线及标志性节点。

对子城意象进行保护与提示。

◉ 城市风貌的保护

保护"小桥流水、粉墙黛瓦"的传统风貌。

加强视线走廊的保护。对视廊进行三级控制。一级视廊包括虎丘塔（山）、北寺塔、寒山寺（普明宝塔）三者互相眺望视廊，北寺塔、瑞光塔互相眺望视廊，北寺塔、瑞光塔单向眺望双塔视廊。

加强第五立面的精细化管控，注重整体风貌协调性，提升整体品质。

按区域分级控制历史城区建筑高度，严格按照《苏州市城乡规划若干强制性内容的规定》执行。

◉ 历史文化街区和历史地段的保护

保护平江、拙政园、怡园、阊门、山塘5个历史文化街区，新增划定五卅路、官太尉河—天赐庄2个历史文化街区。整合与优化划定26个历史地段。

◉ 世界文化遗产、文物保护单位和历史建筑的保护

保护世界文化遗产：苏州古典园林沧浪亭、环秀山庄、留园、耦园、狮子林、网师园、拙政园和艺圃。中国大运河（江南运河苏州段）中苏州城区运河故道（山塘河、上塘河、环古城河），山塘历史文化街区、虎丘云岩寺塔、平江历史文化街区、全晋会馆4个运河相关遗产和盘门1个运河水工遗存。

保护各级文物保护单位170处，其中全国重点文物保护单位24处，省级文物保护单位32处，市级文物保护单位114处。保护控制保护建筑241处，保护尚未核定为文物保护单位的不可移动文物。

保护历史建筑241处，保护苏州园林55处。

保护古树名木、古井、古桥梁、古牌坊、古驳岸、砖雕门楼等历史环境要素。

按普查认定结果保护工业遗产、革命文物、百年老校及校园历史遗存、水文化遗产。

◉ 传统民居的保护

保护苏州传统民居肌理及建筑。保护和延续明清苏州传统民居以院落为单位、进落组合为特点的空间布局模式。保护具有近现代特色的西

式别墅、里弄民居及其环境景观。

传统民居保护利用以院落为单位，采取小规模、渐进式、微循环、协商式的更新方式，对其保护利用应与居民生活条件改善相结合，与古城人口结构调整相结合，与延续苏式生活相结合，与产权梳理相结合。

2012 年，原平江、沧浪、金阊三个老城区合并，成立姑苏区。姑苏区成为全国首个"国家历史文化名城保护区"，为了加强对"国家历史文化名城"的保护，设保护区党工委、管委会，是省委、省政府派出机构。姑苏区与保护区实行"区政合一"管理体制。

古城保护的力度，持续加强。

长期以来，历史城区的城址环境、整体格局、城市风貌、历史文化街区、历史地段、传统民居等方面，得到了良好保护。这是苏州市、姑苏区各相关部门、国企，以及社会参与方、广大市民共同努力的结果。今后，这项工作还将细之又细、持之以恒地继续做下去。

重，在于传承之责。

非物质文化遗产扎堆，是古城的绝对优势。

历史城区之内，遍地珠玑。非物质文化遗产代表性项目有昆曲、苏绣、苏州宋锦、苏州缂丝、苏州灯彩、苏扇、桃花坞木刻年画、苏州端午习俗……

作为行政区，姑苏区非常重视"非遗"保护工作。全区现有各级"非遗"代表性项目 100 余项，各级"非遗"代表性项目传承人 79 人，"非遗"保护单位 90 家。"轧神仙"庙会、吴地端午等七个系列民俗节庆活动成为文化品牌。苏州"老字号"在这一区域最为密集，需要进一步传承发展。

文化这个词听起来有点儿宏观。就让笔者陪你去历史城区"一城两线三片"中的虎丘片，听一场"演唱会"，切实感受文化的魅力。

虎丘，是姑苏区内唯一的一座山，海拔"高达"34 米。山不在高，有仙则名。吴地风光，从来不在于峰峦之高，而在于人文之深。明代袁宏道是一位"资深驴友"，他两年六登虎丘，用精妙篇章《虎丘记》记录了一场最"潮"的音乐会。

每年虎丘的中秋，苏州市民"倾城阖户，连臂而至"，整日游赏。到了入夜时分，千人石上，众人席地而坐，吃着野餐喝着小酒。此时，音乐声响起：

> 布席之初，唱者千百，声若聚蚊，不可辨识。分曹部署，竞以歌喉相斗；雅俗既陈，妍媸自别。未几而摇头顿足者，得数十人而已。已而明月浮空，石光如练，一切瓦釜，寂然停声，属而和者，才三四辈。一箫，一寸管，一人缓板而歌，竹肉相发，清声亮彻，听者魂销。比至夜深，月影横斜，荇藻凌乱，则箫板亦不复用，一夫登场，四座屏息，音若细发，响彻云际，每度一字，几尽一刻，飞鸟为之徘徊，壮士听而下泪矣。

这一场"虎丘曲会"分为三个层次：

——布席之初，唱歌的人成百上千，声音像一群蚊子嗡嗡，分都分不清。等到能够分批次"拉歌"时，大家就能开始比拼起歌唱水平来；雅乐俗乐来一遍，唱功好坏就自然由"大众评审团"做评判了。

——过了一阵子，摇头顿脚按节而歌的人，就只剩几十个人了。不久，明月高悬空中，照得山石如同洁白的绢绸，所有粗俗的声音，悄悄停歇，这时唱和着的就只有三四个人了。一箫，一笛，一人舒缓地打着歌板唱着，管乐和歌喉一起迸发，清幽嘹亮，令听者魂销。

——到了深夜，月影横斜、树影散乱的时候，连箫板都不用了，一个人登场歌唱，四座的人都屏心静息。他的歌声细如发丝，却又响彻云霄。每吐一字，几乎要一刻的时间。

飞鸟听之久久盘旋，不离；壮汉闻之突然失控，泪崩！

经过袁宏道文笔点染，曾经飘荡在虎丘夜空的天籁，已经达至戏曲与音乐的至高境界，根本无法用"此曲只应天上有"这类诗句来形容了。

从明到清，"虎丘曲会"持续了两百余年。

时光流逝，虎丘塔悄悄地，又倾斜了几分。

自 2000 年起，每年中秋，夜色中的千人石再一次成为舞台。这里迎来昆曲名家和全国曲友。大家轮番上场，对月唱曲，重现当年盛景。

听过热闹的虎丘曲会，我们立马进入古城南部，来到"清风明月本无价，近水远山皆有情"的沧浪亭，欣赏新编昆曲《浮生六记》园林版。

这出昆曲以清代沈复的自传体散文集为背景创作，开创了沉浸式昆曲演出的先河。演出分为"序""春盏""夏灯""秋兴""冬雪""春再"六折；共设置一生、一旦、一副、一丑四个角色，进行全程"不插电"演唱。

演出以移步换景的园林为布景，融合自然、建筑、人文之美。观众跟随导引，或走、或听、或停、或赏，如同置身作者家宅之中。这种戏外戏中、亦幻亦真的沉浸式体验，吸引了大量年轻观众。目前，已经演出200余场。

在这里，世界文化遗产沧浪亭和世界非物质文化遗产昆曲创新结合。在有限的空间里，融合自然、建筑、人文之美。剧中，以故事场景展示了十余种传统"非遗"作品。目前，已有英、法、日等多种语言文字的字幕，力图在戏中全景式展现"苏式生活"的传统美学。

琴音悠扬间，沈复水袖翩然，芸娘身姿妙曼；沧浪曲水边，他们如约照面，我们遐思万千……

古城中的历史名胜、古建园林，本来就是非物质文化遗产的环境与土壤。非物质文化遗产，又为这些长年端坐不动的宝贝们，增添一缕绚丽迷人的色彩。

昆曲被联合国教科文组织列为首批"人类口头和非物质文化遗产代表作"。昆曲传承有人、保护完整，也在不断探索创新。

不过，"非遗"普遍面对市场缩小的现状，以及人才传承的考验。需要社会各界的共同努力，进一步加大保护传承的力度。

3

重，在于呵护之责。

根据第七次全国人口普查公报，姑苏区的常住人口为92.4万人。每平方公里超过1.1万人，人口密度在市区各个区中是最高的。

由于传统原因，文化、教育、医疗等优质资源集聚，这里人口受教育程度是最高的（表3-3）。这一点在很多城市的老城区中，也比较常见。

表3-3　各地区每10万人口中拥有的各类受教育程度人数①

单位：人

地区	大学	高中	初中	小学
苏州市	22 514	16 813	32 753	19 614
张家港市	18 568	14 980	36 249	22 461

---

① 苏州市统计局：《苏州第七次全国人口普查公报》第五号，发布日期：2021年5月28日。

地区	大学	高中	初中	小学
常熟市	17 232	14 160	41 482	20 634
太仓市	16 950	14 416	38 386	22 098
昆山市	22 119	20 896	30 376	17 970
吴江区	15 664	14 927	37 026	23 376
吴中区	22 914	17 505	31 011	19 360
相城区	20 121	14 277	34 108	22 207
姑苏区	32 314	20 885	26 292	13 835
工业园区	37 722	17 271	20 557	15 489
高新区	29 508	17 350	26 816	17 021

按常住人口统计，姑苏区 60 周岁及以上人口比重达到了 25.17%（表 3-4）。

表 3-4　分地区人口统计表①

地区	占总人口比重/%		
	0~14 岁	15~59 岁	60 岁及以上（其中：65 岁及以上）
苏州市	13.55	69.49	16.96（12.44）
张家港市	13.72	66.65	19.63（14.71）
常熟市	11.04	67.84	21.12（15.98）
太仓市	12.16	66.81	21.03（16.07）
昆山市	15.29	72.40	12.30（8.79）
吴江区	12.85	69.69	17.46（13.04）
吴中区	13.01	71.92	15.08（10.77）
相城区	14.10	71.09	14.81（10.70）
姑苏区	12.27	62.56	25.17（18.39）
工业园区	16.15	71.38	12.47（8.49）
高新区	14.79	72.01	13.19（9.25）

主要原因在于两个方面：

一是苏州的快速城市化集中在过去的 30 多年。现在的老年居民，大多在古城出生、工作、生活。对熟悉的生活环境眷恋不舍，即使有多种选择，一部分人

① 苏州市统计局：《苏州第七次全国人口普查公报》第四号，发布日期：2021 年 5 月 28 日。

也会倾向留在古城生活。

二是在常住人口中，工作年龄段的人口在向工作机会靠近。在新城区，企业数量多。而且从第二章中不难发现，苏州市区的各个新城区，都比较重视产城融合。因此职住距离较近，各类配套也越来越完备。

客观地说，老龄化对于行政区的财力形成了较大压力，但是在关心关爱老年人上，姑苏区不遗余力。这里的社区养老理念领先，充分体现了人文情怀：

全区共布局20个综合为老服务中心，提供综合养老服务。中心内，或嵌入社区卫生服务机构，或设置照护床位，促进医养融合。以为老服务中心为主体，上门为老年人提供生活照护、失能照护、夜间陪护、健康管理等个性化居家养老服务。截至2021年，已经设立76个日间照料中心，提供助餐等各项服务。同时，对高龄、空巢、独居等特殊困难老年人家庭实施了居家适老化改造。

普惠均衡的社区嵌入式养老服务体系，满足了老年人"原居安老"的愿望。古城中，从养老变"享老"，已成为"苏式生活"的一种表现。

其实，各年龄层次、各收入水平的人，都需要居住环境的改善、配套设施的提升。只有这样，我们常说的"老城区"才能维持人口结构与整体活力。同时，提高居住人口素质，也有利于促进古城保护。

保护的是古城，守护的是文化，呵护的是居住其中的人。

责任重大。

第三节 缓·桥窄巷深宜徐行

缓，在于保护为先。

1982 年 11 月，全国人大常务委员会通过了《中华人民共和国文物保护法》，后经多次修订完善，为加强对文物的保护、继承我国优秀历史文化遗产提供了法律依据。

2011 年 6 月实施的《中华人民共和国非物质文化遗产法》，为继承和弘扬中华民族优秀传统文化、加强非物质文化遗产保护保存工作提供了坚实的法律保障。

行政法规方面，国务院《历史文化名城名镇名村保护条例》自 2008 年 7 月 1 日起施行，相关部门进一步加强了历史文化名城、名镇、名村的保护与管理工作。

地方性法规方面，2017 年 12 月，江苏省人民代表大会常务委员会批准《苏州国家历史文化名城保护条例》。条例的适用范围中，重中之重就是历史城区这个"聚宝盆"。具体保护范围及保护对象如下：

> 苏州国家历史文化名城保护的重点是历史城区，历史城区的具体范围为苏州历史文化名城保护规划确定的一城（护城河以内的古城）、二线（山塘线、上塘线）、三片（虎丘片、西园留园片、寒山寺片）。

> 苏州国家历史文化名城保护的对象包括历史城区的整体格局与风貌、历史文化街区、历史地段、河道水系、文物保护单位、地下文物埋藏区、苏州园林、古建筑、古城墙、传统民居、古树名木、吴文化地名、工业遗产、传统产业，以及非物质文化遗产和法律、法规规定的其他保护对象。

近期，国家进一步强调，在城乡建设中系统保护、利用、传承好历史文化遗产。

2021 年 9 月，中共中央办公厅、国务院办公厅印发《关于在城乡建设中加强历史文化保护传承的意见》，特别强调：

> 完善制度机制政策、统筹保护利用传承，做到空间全覆盖、要素全

囊括，既要保护单体建筑，也要保护街巷街区、城镇格局，还要保护好历史地段、自然景观、人文环境和非物质文化遗产，着力解决城乡建设中历史文化遗产屡遭破坏、拆除等突出问题，确保各时期重要城乡历史文化遗产得到系统性保护。

2022 年 4 月，江苏省出台了相应配套文件《关于在城乡建设中加强历史文化保护传承的实施意见》，明确提出：

> 到 2025 年，具有江苏特色的城乡历史文化保护传承体系基本建成，涌现出一大批代表江苏先进水平的历史文化遗产当代复兴经典案例，历史文化保护传承工作融入城乡建设的格局基本形成。到 2035 年，系统完整的江苏城乡历史文化保护传承体系全面建成，历史文化保护传承工作全面融入城乡建设和经济社会发展大局，成为美丽江苏中城乡建设高质量发展的重要内容，全省人民群众文化自觉和文化自信显著增强。

2022 年 5 月，苏州出台《进一步加强苏州历史文化名城保护工作的指导意见》，明确提出了 2025 年、2035 年的总体目标，以及各项重点任务。

罗列这些文件，其实归纳起来就是本章的题目——"保护为先"。在历史城区中开展城市更新工作，保护是至关重要的前提。

2

缓，在于保护力度之大。

早在 1986 年 6 月，《国务院关于苏州市城市总体规划的批复》中明确要求：

> 要全面保护古城风貌，正确处理保护古城与现代化建设的关系。

> 在进行城市的各项建设时，既要运用现代科学技术，又要继承并发扬我国建筑艺术特点，保护好传统的城市格局和水乡风貌。

> 古城内与传统风貌极不协调的建筑物，要根据条件逐步加以妥善处理；对原有的基础设施和居住条件，根据财力的可能，逐步进行必要的改造和改善。

> 新建筑要严格执行建筑高度的控制规定。

这一极富前瞻性的决策，让苏州古城的面貌得以最大限度地保留（图 3-3）。近 40 年来，古城保护方面的规范越来越深化、细化。更为关键的是，各方的执

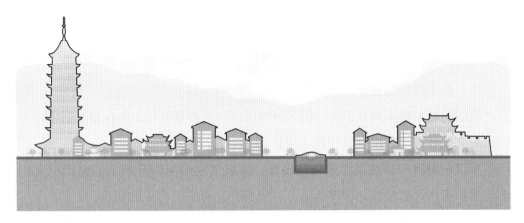

图 3-3　古城高度的节奏感

行也一直没有出现过犹豫与偏差。

举限高规定为例，很多书籍写到苏州古城的限高 24 米，大致是 7 层楼的高度。其实，为了保护古城风貌，《苏州市城乡规划若干强制性内容的规定》中对于建筑高度方面，考虑得更为严格，甚至可以说是严苛：

干将路、人民路两侧 50 米范围内新建建筑檐口高度不超过 20 米，建筑最高高度不超过 24 米。

干将路、人民路以外的其他道路：红线宽度在大于等于 24 米的道路两侧 50 米范围内沿街界面建筑檐口高度，按二分之一道路宽度控制，建筑最高高度不超过 18 米；红线宽度在大于等于 18 米且小于 24 米的道路两侧 30 米范围内沿街界面建筑檐口高度，按二分之一道路宽度控制，建筑最高高度不超过 15 米。

古城内除上述各项规定以外的其他地区：住宅必须按双坡屋顶处理，建筑层数不超过 3 层，檐口高度不超过 9 米，建筑最高高度不超过 12 米；公共服务设施及其他建筑檐口高度不超过 12 米，建筑最高高度不超过 15 米。①

考虑到城区水巷特色，上述规定还限定：

水巷两岸新建临水建筑檐口高度控制在 3～6 米，不得破坏沿河传统建筑风貌。

---

① 苏州市人民政府：《苏州市城乡规划若干强制性内容的规定》（苏府规字〔2013〕5 号），发文日期：2013 年 6 月 5 日。

3

缓，在于保护与更新。

我国的城市化率增长迅速，很多城市已经到了存量时代。在存量改造中，有的历史文化名城，并没有坚守住"保护第一"的原则。

2017—2018 年，住房和城乡建设部、国家文物局组织开展了国家历史文化名城保护工作评估检查。2019 年，正式通报指出保护工作中的问题：

有的城市"存在在古城内大拆大建、大搞房地产开发问题"；有的城市"存在在古城或历史文化街区内大拆大建、拆真建假问题"；有的城市"存在破坏古城山水环境格局问题"；有的城市"存在搬空历史文化街区居民后长期闲置不管问题"。①

鉴于上述问题导致国家历史文化名城历史文化遗存遭到严重破坏，历史文化价值受到严重影响，对五个城市予以通报批评。住房和城乡建设部、国家文物局还将继续对国家历史文化名城开展"体检"。对于整改不到位的城市，将提请国务院撤销其国家历史文化名城称号。

这对于所有城市都是一个警醒。

其实，越来越多的城市已经意识到：不能唯发展论，完全搞房地产开发式"更新"。经济数字上去了，但历史文化记忆也被推土机推得一干二净，留下永远的遗憾。但同时也不能唯保护论，什么都保持不变。因为往往越是老旧城区，民生改善的诉求越是强烈。更不能完全迁出原住民，把大量建筑拆真建假，把一个片区"保护"成了一个盆景，那样是留住了形，但失去了神与魂。

在保护方面，应该深化两个理念：

一是"全面保护"的理念。对于古城保护中的诸多刚性要求，始终牢牢守住底线。历史文化名城就像古董，时间越久，保护得越好，越是珍贵。只有传承保护好了，旅游、文化、生态价值才能充分体现出来。也就是我们常说的在保护中发展，在发展中保护。

---

① 住房和城乡建设部、国家文物局：《关于部分保护不力国家历史文化名城的通报》（建科〔2019〕35 号），发文日期：2019 年 3 月 14 日。

二是"以用促保"的理念。适度的活化利用，让历史建筑富于生机地融入现代生活，有利于历史文化的传承与展示，有利于更好地发挥历史文化资源的使用价值。在历史文化名城中，通过更新，留住"活态"的生活场景与场所记忆，让城市性格、城市文化得以延续。

第四节　急·风樯摇动劈波起

1

急，在于对美好生活的向往。

姑苏区包含古城，一直是苏州的传统城市核心，各项城市功能完备：古城西侧，是苏州大市的行政中心所在地；古城内外，一批市属企事业单位在这里发展；古城地下，现在已经是苏州地铁线路最为密集的区域；古城是苏州传统的旅游中心、商贸中心、文化中心、教育中心、医疗中心。

这里加上"传统"二字，是因为经过了 30 年快速城市化，周边新城区在日益长高长大，医院、学校、住宅、商超、文体、公园等各项配套面积更大、标准更高。古城与四周新城相比，显得有点儿老旧局促，面临着空心化的挑战。

对于旅居者来说，古城虽小但充满魅力。这边一座古桥，那边一处园林，处处是风景。

对于城市中的常住者而言，生活中的"开门七件事"才是最关心的。实事求是地说，由于周边新建城区的配套在不断完善，相对而言，古城吸引力在逐步降低。对常住人口，最具吸引力的主要有四个方面。

一是居住条件。新建城区，有一定余地进行大范围的整体改造。即使是存量提升，限制条件也较少。而古城内存量建筑大多质量不高，各类设施日趋老化；增量住宅用地稀缺，又严格限高，除了少量低密度住宅，几乎没有新住宅可供选择。

二是工作机会。新城区招商引资，培育了大量工业、科技企业，工作机会相对丰富。而古城内的业态相对单一，以三产服务业为主。即使选择住在古城，工作在新城区，通勤又面临问题。虽然古城内地铁线路密集，但由于路面宽度所限，地面交通还是较为拥堵。

三是教育医疗。这是古城的传统强项，但是如今各个新建城区都已经开足马力，赶超上来。当然，对于整个苏州市区而言，资源相对均衡是有利的。

四是其他配套。新城区内，服务居民的文化、体育、商业、休闲设施规模大，状态新。在古城内，很难再布局建设大型公共活动空间。

例如，随着城市化进程和新城区发展，古城的商业热度早已外溢（图3-4）。

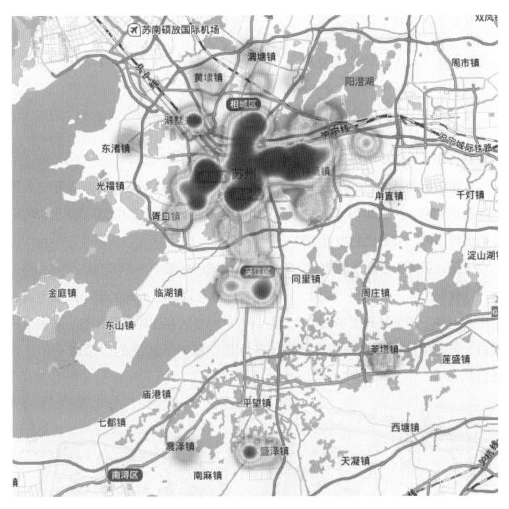

图 3-4　苏州市区商业热力图①

姑苏区"十四五"规划清醒地指出：

人民美好生活需求升级带来更高要求。基本现代化与高质量发展阶段，人民对城市基础设施、公共服务、生态环境品质需求的升级，以及公平意识、民主意识、权利意识、法治意识的增强，对社会民生和治理体系提出更高要求。反观我区，民生保障仍有短板，文化、教育、医疗等优质资源潜力未能充分释放，基础设施老化和人口深度老龄化不利于城市活力激发，增量空间不足制约产业发展、公共服务配套以及人居环境提升，治理效能还需增强，市区两级体制机制仍需进一步理顺，城市

① 姑苏区政府：《姑苏区分区规划暨城市更新规划（2020—2035）》，2021年。

管理精细化程度仍有提升空间。这就意味着，我区在"十四五"期间不仅要完成补短板重任，还必须同时强化各个领域的品质提升。①

2

急，在于人居环境提升。

人是城市最具活力的组成部分。解决好人民群众的急难愁盼，本是"人民城市"的应有之义。2020年，姑苏区实际总建设用地规模已占辖区面积的87%。在历史城区内，更是已经接近100%。

未来，居民生活环境的改善，还是要依托城市更新。

以老旧小区（图3-5）为例。古城内，1990年以前建成的老旧小区住宅面积占比约41%。和全国的很多城市类似，部分老旧小区存在建设时间长、基础设施落后、公共绿地较少、物业管理薄弱等问题，影响了居民的生活水平和环境品质。

图3-5　古城内的老旧小区（左图中深色部分）与传统民居（右图中深色部分）②

---

① 姑苏区政府：《姑苏区、苏州国家历史文化名城保护区国民经济和社会发展第十四个五年规划和二〇三五年远景目标纲要》（姑苏府〔2021〕56号），发布日期：2021年3月1日。

② 姑苏区政府：《姑苏区分区规划暨城市更新规划（2020—2035）》，2021年。

姑苏区的经济总量偏小，财政收入相对也不高。但姑苏区始终加大对于居住环境的提升投入，"十三五"期间，姑苏区共完成 171 个老住宅小区与危旧房的综合整治，提升了居民群众的幸福指数。

近两年来，姑苏区启动"老旧小区、背街小巷"环境美化提升综合整治工程，从基础设施改造角度积极探索，持续提升"两小"环境面貌，共涉及 112 个小区、240 条街巷。工程主要内容包括智能交通、空间梳理、风貌提升、文化挖潜、功能完善。

针对大环境——背街小巷，工程主要从交通序化、停车挖潜、拆违治乱、环境美化四个方面着手，对街巷进行墙面粉刷、屋面翻新，利用现有空间见缝插针地增加绿化以及供居民休息的座椅等设施，全力提升居住品质。

针对小环境——老旧小区，工程主要开展单元防盗门维修、建筑立面修补粉刷、绿化带规整、小区出入口道闸技防设施及门卫室完善、非机动车库改造及充电桩设置、小区监控设施完善等一系列专项整治。

针对微环境——居民家中，政府在积极推进各类改厕、适老化改造等为民实事工程。不过由于历史原因，古城内人均居住面积为 27 平方米。其中，36%的人居住面积低于 23 平方米的国家人均最低标准。

古城内，传统民居约 200 万平方米（图 3-5）。虽然不属于文保建筑，但大部分设施老旧，需要得到进一步修缮；直管公房 137 万平方米，共 2.3 万户，这类特殊的租赁房产基本处于户均面积小、居住人口密度大、基础设施差等状态，居住质量亟待改善。

根据《苏州市"十四五"住房发展规划》，预测到 2025 年苏州市人均住房建筑面积将达到 46 平方米。规划建议城镇已建成区重建、改建的住宅人均住房建筑面积不宜低于 40 平方米，新建地区的住宅人均住房建筑面积不宜低于 46 平方米。[①]

在改善市民"家门外"大环境方面，政府可以说是不遗余力。但在"家门内"的小环境改善方面，财政先期可以适当引导鼓励。最终，还是要依托城市更新，方能得到彻底改观。

而历史城区内，尚存个别城中村，与古城风貌不符。下一步，需要以创新融

---

① 苏州市自然资源和规划局：《新时代高质量发展下的苏州社区品质提升专项规划（2021—2025）》（苏府办〔2021〕164 号），发文日期，2021 年 8 月 2 日。

资、多方参与等具体方式，进行全面更新。

3

急，在于发展。

我们说的更新发展，其实有两个层面：

一是客观的、趋势性的更新与发展。科技迭代必然催生生活方式、城市要素的变化。例如，互联网配送对于城市商业业态的影响，车路协同对于城市交通的改变，等等。这些需要我们去适应，相应地调整城市规划策略，乃至微调我们的保护方略。

二是主观的、以有形之手推动的更新与发展。历史城区内，经济总量偏小，经济结构较为单一，新兴和特色产业影响力不大，产业载体的空间又十分有限，需要以"人本"为导向，进行城市更新。一方面有助于民生改善和人居环境提升；另一方面有助于城市经济发展，最终也可以反哺历史、文化保护。在处处是宝的古城内，迫切需要充分利用每一平方米的土地，打造产业载体，推动产业焕新。

城市更新，业已成为进一步激发城市活力的钥匙。

城市更新，与我们上面说的历史文化名城保护，与物质、非物质文化遗产的保护与传承，并不矛盾。这里，举个阊门外的城市更新项目为例：

项目位于古城外，历史城区"两线"中的上塘线南侧。在这里，一片新建筑已经拔地而起。苏州华贸中心总建筑面积 78 万平方米，涵盖写字楼、购物中心、园林式商业街区、品牌酒店、国际公寓、城市广场、美术馆、评弹剧场等。这一带在古城外，是传统"石路"商业片区，允许较高的容积率。整体建成后，这里将成为吸引年轻人就业、购物、休闲、生活的时尚街区，为姑苏区的一个产业、商业新地标。

值得一提的是，在这个城市更新项目中，重现了一座古典园林"紫芝园"。根据记载，紫芝园位于阊门外上津桥，园主是徐封。紫芝园初建于 1546 年，据说文徵明、仇英都参与了设计，是一个标准的"文人园林"。可惜，此园明末毁于大火。虽然无法恢复全园风貌，但通过提炼其文化精髓，在这座重建的小园林中，历史文脉得到了传承。

当然，这一片区是在能够提高容积率基础上进行更新的。古城内，平江路的更新保护是个非常好的案例。经过多年努力，通过逐步"微更新"，这一片区已经成为来苏游客纷纷"打卡"的大景区。

在古城开发强度分区控制图（图3-6）中，古城北侧是姑苏区的新建城区，以行政中心、商业、住宅为主，容积率较高。古城外，东、西、南侧也有高层。

护城河内，古城继续坚守着严格限高等底线。

0＜容积率≤1.0

1.0＜容积率≤2.0

2.0＜容积率≤2.5

2.5＜容积率≤3.5

图3-6　古城开发强度分区控制图①

---

① 姑苏区政府：《姑苏区分区规划暨城市更新规划（2020—2035）》，2021年。

小结　更新之需

城市，各有各的特质，各有各的肌理。

在苏州市区范围内，姑苏区这一行政区的特点鲜明：

轻。多年来，苏州市较好地保护了古城风貌。产业向新城转移，促进了整个市区社会经济发展。其中，姑苏区作为行政区，做出了自身应有的贡献。但客观而言，如今的姑苏区，在城市形态、产业结构、人口比重、经济总量等方面，占苏州市区的比重小了，与周边行政区比起来相对"轻"了。

重。这里历史悠久，文化厚重。对于各类物质文化遗产的保护工作，对于各类非物质文化遗产的传承工作，责任重于泰山。同时，如何在财力有限的条件下，更好为居民提供服务，也对城市运营者提出了更高的要求。

缓。对于历史文化名城的保护，以往形成了诸多经验。下一步，仍必须继续坚持保护为先。绵绵用力，久久为功。科技在迭代，民生需求本身在不断发展变化，因此也不能刻板地保护所有建筑形态、生活方式。

急。面对历史城区内的民生改善要求、经济发展的可持续要求，我们又一刻等不得。同时，在历史城区内，又须面对土地空间资源匮乏等一系列现实困境。不难发现，破题之举便是本书的主题——城市更新。

对于苏州这样的历史文化名城而言，保护始终是放在第一位的。既要响应民生改善需求进行城市更新，又要保持城市风貌，保护文物古迹。可以想见，城市更新的复杂程度必然更高。

这其实也是我们在众多历史文化名城中，选择苏州的原因。

如何在苏州古城进行城市更新？

在讨论这个烧脑问题之前，我们不妨拐进古城小巷，找个藤蔓覆盖的咖啡店坐下来。试着用喝一杯咖啡的时间，先简单梳理一下城市更新的一些基本概念。

第四章

他山之石，浅述城市更新的体系

远·毕竟四海路迢迢

近·夜泊红栏乌鹊桥

异·百城千策各不同

同·皆为白发变垂髫

引子　他城

他山之石，可以攻玉。

如今，"城市更新"是个热词。

"城市更新"这个概念，也是个他山之石。

在英文里，用得最多的是"urban renewal"。

城市重建（urban reconstruction）、城市再开发（urban redevelopment），都是比较直白的推倒重建、存量开发概念。

城市重生（urban regeneration），从生物学"借"来的概念，显得和"有机城市"理论更为匹配。

当然，也有城市复兴（urban renaissance）之类的文艺说法。

而功能指向更为明确的是：城市土地再利用（urban reuse），城市整治修缮（urban rehabilitation），城市功能活化（urban revitalization），等等。

笔者学的是"城市重生"专业，胳膊肘往里拐，自然更青睐这一理念：

城市在自然环境中诞生，或靠山或面水或依路或临矿，如同活的生物体，随着岁月逐渐成长。

人是城市的主人，开展各类经济、社会活动；也是城市的血脉，为城市提供源源不断的活力。

既然与生物类似，城市有生长、有发展、有兴盛，放在历史的长河中，必然也会有衰退，甚至是彻底消失。

而城市更新与城市重生，就如同生命体中新陈代谢的机制，为城市或城市中的某个区域，注入新的动力，促进其再生与可持续发展。

让我们品着咖啡，快速浏览城市更新的理论体系和相关案例，为苏州古城的城市更新（图4-1）提供一些借鉴与思考。

图 4-1　古韵今风

第一节　远·毕竟四海路迢迢

1

远，远方的城市更新。

很多国家的工业化、城市化进程比我们早。因此，积累了诸多与城市更新相关的规划理论：

19 世纪下半叶，工业大生产带来经济高速发展，而经济高速发展催生快速城市化。霍华德基于对社会问题、环境问题的关注，一直在探索城乡接合、分散布局的理想"田园城市"。

20 世纪上半叶，在现代大都市的城市更新与规划建设中，柯布西耶崇尚机械理性主义规划，强调机械之美、集中之序。他以横平竖直的视角来布局城市，最好还能充分表达纪念性与象征意义。

介于分散主义与集中主义两者之间的，是沙里宁的有机疏散理论。芒福德更强调人的价值，强调文化要素对于一个城市的重要性。盖迪斯把自然环境禀赋和周边乡村拉入视野，认为景观与人的工作生活方式必须协调发展。而汽车的普及，让莱特产生了低密度"广亩城市"的想法。

第二次世界大战对于欧洲城市破坏巨大，很多大型城市完全是从废墟上"重生"。同时，随着战后经济的快速增长，为了解决随之而来的住宅匮乏问题，在美国、欧洲，新城和卫星城大量涌现。郊区化、新城化使得城市中心的作用降低，旧城区呈现衰败。旧城区中，最初的城市更新方式简单粗暴，即推倒重建。

这种城市更新的方式破坏了城市文化特色和传统邻里体系，也带来了一系列社会问题。雅格布斯批评大拆大建式的城市更新，提出城市的本质在于多样性，城市的活力也正是来自多样性。整整一个甲子后，她的观点读起来还让人有所感触：

> 街边步道要连续，有各类杂货店铺，才能成为安全健康的城市公共交流场所。公园绿地和城市开放空间并不是当然的活力场所，周边应与其他功能设施相结合才能发挥其公共场所的价值。
>
> 城市应该分解成高效的、尺度适宜的社区单位。城市地区至少要有两种主要功能相混合，以保证在不同的时段都能够有足够的人流来满足

对一些共同设施的使用。

    街区要短小，社区单元应沿街道来构成一个安全的生活网络。城市需要不同年代的旧建筑，不单因为它们是文物，而是因为它们的租金便宜从而可以孵化多种创新性的小企业，有利于促进城市的活力。

    大型旧城改造工程，特别是救济式住房项目，不能与城市原有的物质和社会结构相割裂，改造后的工程必须能重新融入原有城市的社会经济和空间肌理……①

20世纪60年代开始，欧美普遍对于城市更新进行了反思，也采取了更为谨慎的态度。其中，特别强调保留城市历史文化的重要性。

大量新建城区的结构引导与优化作用，一方面使得旧城区的城市中心作用不断弱化；但另一方面，旧城区也得到喘息机会，历史建筑、历史城区的保护工作日益被社会各界重视。

70年代起，由政府主导的城市更新工作全面展开。在开展城市更新规划时，政府更加重视对于经济、人文、社会结构等各个方面的综合考量。也有很多城市，以地产机构为主，进行开发式更新。90年代后，在城市更新中，更多是以政府、社会资本、社区居民等多方参与、共同发力。

可以说，从20世纪下半叶至今，西方的城市更新从推土机式的重建，政府福利导向的改造，地产导向的旧城开发，一直走到现在。目前，普遍做法是政府主导规划政策，引导激励社会资本投入，社区积极参与，形成多方协调合作的城市更新机制，可以说是建筑、环境、经济和社会多维度的社区复兴。

信息技术的发展，不仅改变了城市的运营方式，也深刻改变了规划的技术手段与思考逻辑。从最初的数据模拟，到了如今的数字孪生城市。同时，对城市人文环境的思考也越来越深刻。近年来，文化、生态、碳达峰、海绵城市、绿色发展等理念，也在城市更新中有越来越多的体现。

每个城市有各自的特点，理论提供的是一种思考方式。近现代西方城市更新理论十分庞杂，我们点到即止。

---

① 简·雅格布斯：《美国大城市的死与生（纪念版）》，金衡山译，译林出版社，2006年，第31、99、118、135、169、177、363页。

2

远，远方的更新案例。

坐标伦敦——金丝雀码头。这是一个多方推动城市更新、最终形成产业聚集与城市提升的成功案例。22平方公里的传统码头"锈带"，经过全面规划，形成办公楼、购物中心、酒店、居住、娱乐复合功能区。金融机构总部高度集聚，带动了零售、餐饮等生活配套，以及会展中心、酒店等业态。30年的发展，改变了工业衰落后的区域面貌，也为整个都市拓展了发展载体与想象空间。

坐标东京——六本木。该项目启动于21世纪之初，属于旧城改造项目。以垂直城市花园的理念，充分利用城市的竖向空间，提升开发强度，完善综合配套，最终形成一个集住宅、写字楼、会展场所、商业设施、美术馆、电影院、观光厅、学术中心、水稻田于一体的复合街区。

类似的案例很多，大多具备以下几个元素：一是地处都市圈中的优越位置；二是原址为旧城区、工业区、码头等城市低密度区域；三是可以大幅提升开发强度，例如六本木容积率高达10。有了这几个元素，参与各方以激活区域潜力为目标，进行片区整体规划，瞄准产业功能与生活需求，打造综合业态。本质上，这种模式与打造新城的区别不大。

在这些成功案例的推进中，系统的论证机制，全面的规划理念，深入的先期策划，以及多样保护、利用既有建筑等方面，都非常值得借鉴。下面，再点两个知名的城市更新案例：

坐标毕尔巴鄂——艺术之城。这座西班牙城市，通过规划引导，依托古根海姆博物馆等标志性建筑引流，激活本地的文化创意产业，逐步形成文化产业链。通过多年城市更新，转型成为全球艺术文化之城。

坐标纽约——高线公园。高线，其实是指一段废弃的高架铁路。21世纪初，通过工程改造，增加了大量园艺及艺术设施，将这一区域改造成为"漂浮在曼哈顿上的绿毯"。不仅为纽约增加了一个开放空间，也有利于周边商业发展。

当然，"反面"案例也有不少。这里举一例：

坐标底特律——文艺复兴中心。作为依赖单一产业的城市，底特律希望通过大规模的基础设施建设，以及城区更新改造，重新激发城区活力。例如，新建大型"文艺复兴中心"，配套商业、体育馆、酒店、公寓等，同时投资捷运等配套设施。从名字，就可以看出其决心与愿景。可惜的是，由于没有新的产业支撑，人口继续外移，城区未能复兴。

3

远，远方的历史城区更新。

《威尼斯宪章》

1964年，建筑师和技术人员国际会议通过了《国际古迹保护与修复宪章》（又称《威尼斯宪章》）。将历史文物建筑，视为人类的共同遗产和历史的见证。同时，会议提出了文化古迹保护的方法论：古迹的保护至关重要的一点在于日常的维护；为社会公用之目的使用古迹永远有利于古迹的保护；古迹的保护包含着对一定规模环境的保护；当传统技术被证明为不适用时，可采用任何经科学数据和经验证明为有效的现代建筑及保护技术来加固古迹；等等。

《保护世界文化和自然遗产公约》

1972年，联合国教科文组织大会通过该公约，呼吁各国以公约形式，集体保护具有突出价值、普遍价值的文化遗产和自然遗产。公约明确：将在联合国教育、科学及文化组织内，建立一个政府间委员会，称为"世界遗产委员会"，旨在保护具有突出与普遍价值的文化、自然遗产。世界遗产委员会递交清单，由世界遗产大会审核和批准。凡是被列入世界文化和自然遗产的地点，都由其所在国家依法严格予以保护。

《内罗毕建议》

1976年，联合国教科文组织在内罗毕通过《关于历史地区的保护及其当代作用的建议》（又称《内罗毕建议》）。建议指出：历史地区及其环境应被视为不可替代的世界遗产的组成部分；每一历史地区及其周围环境应从整体上视为一个相互联系的统一体，其协调及特性取决于它的各组成部分，包括人类活动、建筑物、空间结构及周围环境的联合；在建筑物的规模和密度大量增加的情况下，历史地区除了遭受直接破坏的危险外，还存在一个真正的危险，即新开发的地区会毁坏临近历史地区的环境和特征。建筑师和城市规划者应谨慎从事，以确保古迹和历史地区的景色不致遭到破坏，并确保历史地区与当代生活和谐一致。

《华盛顿宪章》

1987 年，国际古迹遗址理事会在华盛顿通过《保护历史城镇与城区宪章》（又称《华盛顿宪章》）。明确了历史街区、城镇、地段等重要文化空间载体的概念；规定了保护的原则、目标和方法；进一步扩大了历史古迹保护的概念和内容，提出了环境是体现真实性的一部分，并需要通过建立缓冲地带加以保护；倡导居民参与是历史古城保护的重要部分；等等。

《保护非物质文化遗产公约》

2003 年，联合国教科文组织通过该公约。公约提出：非物质文化遗产是文化多样性的熔炉，又是可持续发展的保证；非物质文化遗产、物质文化遗产、自然遗产之间具有内在相互依存关系；人们，尤其是年轻一代对非物质文化遗产及其保护的重要意义的认识。该公约成为城市发展中文化景观保护之圭臬。

多年来，国际上渐次形成了诸多保护共识。

在保护与更新方面，许多地方做得比较均衡。举例来说：

法国对历史街区的保护起步较早，也经历过一个逐步扩面的过程。1913 年颁布《历史遗产保护法》，1931 年出台《景观保护法》，明确对古建筑及周围环境进行保护。1962 年制定了《历史街区保护法》，严格管理历史街区的保护和规划，规定保护区内的建筑不得随意拆除，维修或改建须经"国家建筑师"指导。里昂老城按照这一法律，成为法国第一个"重点保护街区"，不仅历史文化得到保护，直到现在老城旅游业和餐饮业都保持繁荣。

意大利对古城区的保护，得到学界普遍认可。例如，罗马、威尼斯的历史城区保护，已经为大家熟知。这里，我们说个小城——博罗尼亚。1970 年，博罗尼亚市政府制定了中心城区整体保护规划，提出了"把人和房子一起保护"，利用公共住房基金，而不是引入开发商，来改善社区居民的居住环境。在保护古建筑的同时，规定中心区改造后保留一定比例原住民。在旧城更新过程中，城市风貌、社会结构都得到了有效保护。

远，山高路远，时间久远。

我们用最精简的文字，梳理了城市更新的理论源起，介绍了世界城市更新的经典案例，罗列了部分历史城区保护的国际共识。

目光收近，我们聊一聊国内的城市更新。

第二节　近·夜泊红栏乌鹊桥

1

近，我们的城市更新。

近年来，城市更新这个名词被越来越频繁地提及。原因很简单，我们已经以快速坚定的步伐走到了城市化的中期：

2011 年，中国的城镇化率从 1978 年的 17.8% 攀升至 50%。可以说，这一城市化的里程碑，与改革开放、经济发展同步。这些年的城市更新，以促进经济发展作为首要目标。

2021 年，我国的城镇化率达到 64.7%，城乡一体化、新型城镇化建设稳步推进，整体城市更新的空间仍然巨大。当然，由于城市间差异较大，一线城市的城市化率已趋于饱和。

改革开放后，经济社会的发展推进了城市化；同时，城市化也深刻地改变了经济社会格局，成就了大规模基础设施投资、产业园区、房地产、消费升级等方面的快速发展。当然，城市的增量扩张，也不同程度触发了环境污染、交通拥堵、产业空心化等诸多"城市病"。

根据社科院《人口与劳动绿皮书》：从现在到 2035 年，我国的城镇化推进速度将不断放缓；2035 年后，进入一个相对稳定发展阶段，城镇化率的峰值大概率会出现在 75%~80%。[①]

不过，各城市发展进程不同。有的城市仍有空间，有的城市已经到了城市更新的必然阶段。这里说的更新，不仅是空间的、形态的更新，更是内容的、内涵的更新。城市更新，立足于以人为核心，将成为更为多样化、多维度、广范围的综合更新。

在理论界，20 世纪 90 年代，吴良镛先生在实践中提出了城市有机更新理论：把城市当作人体，一片片城区是人体的一个个组成部分。对于不适应城市发展的地区，采取适当规模、适当尺度的改造。依据改造的内容和要求，妥善处理

[①] 张车伟：《人口与劳动绿皮书：中国人口与劳动问题报告 No. 22》，社会科学文献出版社，2021 年，中文摘要。

目前和将来的关系，不断提高规划设计质量，使每一片城区的发展都达到相对的完整性。有机更新是有针对性的小规模、阶段式的。但从城市角度看，又是需要长期坚持的，通过这种有序、持续的更新，城市能达到更适宜生活的状态。

2015 年，中央城市工作会议上提出，要控制城市开发强度，科学划定城市开发边界，推动城市发展由外延扩张式向内涵提升式转变。

2016 年，《中共中央国务院关于进一步加强城市规划建设管理工作的若干意见》指出，有序实施城市修补和有机更新。

2019 年，中央经济工作会议上提出，要加强城市更新和存量住房改造提升。

2021 年，是全面城市更新工作的启动之年，城市更新成为全国城镇化建设的新重点方向。

2021 年 3 月，《中华人民共和国国民经济和社会发展第十四个五年规划和2035 年远景目标纲要》发布，阐明国家今后 5 年及 15 年的战略意图和政府工作重点。纲要明确提出实施城市更新行动要：

完善新型城镇化战略，提升城镇化发展质量。

加快转变城市发展方式，统筹城市规划建设管理，实施城市更新行动，推动城市空间结构优化和品质提升。

加快推进城市更新，改造提升老旧小区、老旧厂区、老旧街区和城中村等存量片区功能，推进老旧楼宇改造，积极扩建新建停车场、充电桩。

坚持房子是用来住的、不是用来炒的定位，加快建立多主体供给、多渠道保障、租购并举的住房制度，让全体人民住有所居、职住平衡。

城市更新，已经上升为国家战略。

2

近，我国的案例。

我们重点集聚国内，看看国内老城改造的案例。这方面，大家耳熟能详的例子不少：

坐标成都——太古里。

太古里从规划角度总体保持旧有的街巷脉络，从建筑角度保留了多个历史建筑。同时，植入足够的时尚创意元素与都市消费场景。通过更新，形成了一个充满"川味"的时尚街区，体现了文化遗产保护与商业可持续的平衡。

分析：商业街区，由于其用地性质属性，在更新前后能够保持一致。在这类项目上，总体资金平衡相对可控。同时，各类政策也比较完善，不用做大的调整与突破。因此，这类更新项目，在各地有很多成功案例。

关注：如何使地域文化与商业价值融合共生。

坐标上海——上生·新所。

上生·新所位于上海内环繁华闹市，占地70多亩。原址为科研机构，包括3处历史建筑和15处近当代建筑。改造后的总建筑面积4.9万平方米：七成面积用于办公；三成为商业部分，包含餐饮、文化艺术类、娱乐健身等多种类型。由一个围合式的科研生产园区，成功更新为开放式、全天候，集商业、办公、休闲、文化等复合功能于一体的活力空间。

分析：城区内的工业厂房，由于其主体相对单一，可以进行综合改造。依托资产或租金的增值，覆盖改造成本。这一更新路径相对清晰，利于社会资本进入。

关注：其中的历史建筑能否真正与街区有机融合，得到活化利用。

坐标深圳——南山区大冲村。

南山区大冲村是深圳标志性城市更新项目之一，占地68.5万平方米。改造前是个典型的城中村：楼房密集、道路狭窄，公共设施匮乏，人口流动性大。通过旧改，引入商业、酒店，建设写字楼、公寓，成为时尚、现代化的商业商务中心及居住社区，总建筑面积280万平方米。分期开发的住宅，也为操盘企业带来了丰厚收益。

分析：该类更新项目是市场主体比较关注的项目类型，体量大，业态多，适于公建引导、分期开发、提升物业价值的传统地产打法。

关注：该类大体量、高容积率项目，不能破坏原有的城区结构与风貌。

3

近，邻城历史城区的更新。

通过第三章苏州古城的保护现状与更新需求分析，我们更关注其他历史文化城区、片区、街区的更新工作。

与苏州古城类似，这类历史城区的更新，往往存在"两难"的局面：一方

面文保建筑、历史建筑多，另一方面往往人口密集，居住条件差。这里看看苏州东、西两个大型城市中，历史城区的更新案例：

坐标上海——田子坊。

田子坊深藏闹市区，原有671户原住民，保留着已经所剩不多的典型石库门里弄建筑。最初，运营主体承租了其中6家约1.5万平方米的老旧厂房，改造后成功吸引了著名画家的艺术工作室入驻。随后，摄影、绘画、设计等视觉创意设计机构入驻，后又扩展为文化创意产业的集聚区。部分百姓迁出田子坊，得到了出租的实际收益；部分居民留在这里生活，里弄历史风貌得到保护。艺术家、百余家创意机构、各类餐饮服饰艺术品商户被吸引入驻的原因，正是在于这里保留了老上海特有的生活气息。可以说，这里是一个由自发到自觉，各方获益的成功案例。

坐标南京——小西湖（图4-2）。

秦淮区小西湖是南京28处历史风貌区之一，紧邻夫子庙和老门东景区。留存历史街巷7条、文保单位2处、历史建筑7处、传统院落30余处。同时，这里有810户居民和25家工企单位。居住人口3 000余人，人均居住面积约10平方米。大部分建筑老旧，居住环境不理想。就是在这里，政府提出了"小尺度、渐进式"更新理念，按照老城南传统街巷肌理，保护修缮文保和历史建筑；自愿疏解一半以上人口，搬迁了近半企业；有选择地引进部分服务业态；同时进行了市政管廊敷设和街巷环境整治。以精准更新的方式进行"留改拆"，留住了老城"烟火气"，留住了"南京记忆"。可以说，这是政府积极引导、以国企为主力军、居民广泛参与的成功案例。

分析：历史街区更新并不容易。政府引导、各方参与，采用"绣花""琢玉"的方式，更适合该类城市更新项目。

关注：如何将这类街区的尝试推广至更多的街区，乃至达到城市量级的统筹更新。

国内相关成功案例有很多，失败的也不少。相信读者所在的城市中，很多地方也正在进行着城市更新。篇幅所限，我们就不多举例了。

城市更新，不单是物理空间层面上的美化与重建。

城市更新，应该与城市功能、生活服务、产业导入紧密联结。

城市更新，需要更多挖掘城市的历史与人文价值，充分体现以人为本的城市观。

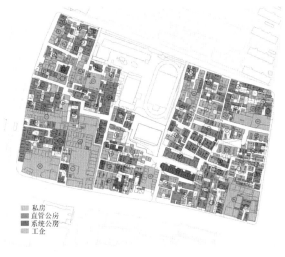

私房
直管公房
系统公房
工企

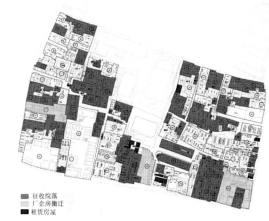

征收院落
厂企房搬迁
租赁房屋

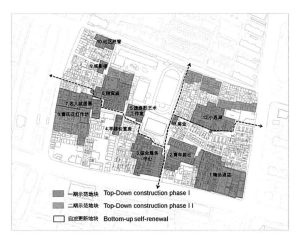

10 社区托管
9 城影廊
8 短宽廊
7 名人故居展
6 曹氏花灯作坊
5 建意型艺术工作室
4 平静安置房
3 综合服务中心
2 青年旅社
1 精品酒店
12 小吾湖
11 商业

一期示范地块　Top-Down construction phase I
二期示范地块　Top-Down construction phase II
自发更新地块　Bottom-up self-renewal

图 4-2　小西湖片区①

————————————

① 南京市规划和自然资源局:《南京老城南小西湖历史地段微更新实践》, http://ghj.nanjing.gov.cn/xwzx/
gzdt/202010/t20201026_2460391.html, 发布日期: 2020 年 10 月 26 日。

第三节　异·百城千策各不同

1

异，在于起跑时间。

一讲到我国的城市更新，都会提到深圳、广州。诚然，这两个城市在城市更新方面探索较早，也相对全面。

坐标——深圳。

深圳的土地资源稀缺，城市更新也成了必然选择。2009 年颁布《深圳市城市更新办法》后，深圳积累了一批成功的更新项目；同时，个别城市更新项目在推进过程中也存在一定的争议。

2020 年 12 月出台《深圳经济特区城市更新条例》①，以立法形式确定深圳城市更新模式：

一是严格规范城市更新规划与计划管理。目前深圳的城市更新规划计划体系主要由城市更新专项规划、城市更新单元计划与单元规划组成。城市更新单元是城市更新实施的基本单位。一个城市更新单元可以包括一个或者多个城市更新项目。城市更新单元实行计划管理。

二是对于拆除重建类城市更新设置更高的审批条件。例如，属于旧住宅区城市更新项目的，区人民政府应当在城市更新单元规划获批后，组织制订搬迁补偿指导方案和公开选择市场主体方案，经绝大多数物业权利人同意后，采用公开、公平、公正的方式选定市场主体，由选定的市场主体与全体物业权利人签订搬迁补偿协议。

被选定的市场主体应当符合国家房地产开发企业资质管理的相关规定，与城市更新规模、项目定位相适应，并具有良好的社会信誉。在城市更新部门与实施主体签订项目实施监管协议中，也有一系列规定，例如按照城市更新单元规划要求应当履行的无偿移交公共用地、城市基础设施和公共服务设施、创新型产业用房、公共住房等义务。

与拆除重建不同，综合整治类城市更新的定义是：在维持现状建设格局基本

---

① 深圳城市更新和土地整备局：《深圳经济特区城市更新条例》，发文日期：2020 年 12 月 31 日。

不变的前提下，采取修缮、加建、改建、扩建、局部拆建或者改变功能等一种或者多种措施，对建成区进行重新完善的活动。同时，鼓励旧工业区开展融合加建、改建、扩建、局部拆建等方式的综合整治类城市更新。

三是为了有效破解城市更新搬迁难问题，设立"个别征收+行政诉讼"制度，规定在旧住宅区城市更新项目中个别业主经行政调解后仍未能签订搬迁补偿协议的，为了维护和增进社会公共利益，推进城市规划的实施，区人民政府可以对未签约部分房屋实施征收。

四是对于我们关注的历史街区话题，条例既明确了保护的责任，也保证了实施主体的积极性。一方面，鼓励实施主体参与文物、历史风貌区、历史建筑的保护、修缮和活化利用以及古树名木的保护工作。对于城市更新单元内保留的文物、历史风貌区和历史建筑或者主管部门认定的历史风貌区和历史建筑线索等历史文脉，应当实施原址保护。另一方面，实施主体在城市更新中承担文物、历史风貌区、历史建筑的保护、修缮和活化利用，或者按规划配建城市基础设施和公共服务设施、创新型产业用房、公共住房以及增加城市公共空间等情形的，可以按规定给予容积率转移或者奖励。

坐标——广州。

广州也是较早出台城市更新政策的城市。从"三旧"改造开始，广州的城市更新经历了四个阶段：

2009年，出台"三旧"改造政策，主要是引导房地产开发。

2012年，逐渐强调政府主导，完善"三旧"改造。

2016年，强调以"微改造"模式，提高改造综合效益，创新改造方式。

2020年，一下子就出台了五个指引——《广州市城市更新实现产城融合职住平衡的操作指引》《广州市城市更新单元设施配建指引》《广州市城市更新单元详细规划报批指引》《广州市城市更新单元详细规划编制指引》《广州市关于深入推进城市更新促进历史文化名城保护利用的工作指引》。

广州强调"中改造"模式，在"老城区旧城改造或旧城与国有旧厂相结合的连片更新改造"方面实施"中改造"操作，即由政府遴选项目，实施行政征收，公开招标选定改造实施主体，实施主体企业与政府签订土地出让合同并投资实施项目开发建设。"中改造"是代替以拆建为主的全面改造，减少城市更新"一二级联动"的土地开发方式。

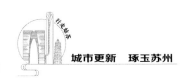

2

异，在于城市化水平。

2021 年，我国"十四五"规划明确提出实施城市更新行动。但我国地域辽阔，城市发展水平差异较大，因此对于城市更新的工作，其实很难形成一个统一的具体标准。各个城市在实践过程中，有了诸多成功或不成功的案例。

因此，制定一个"负面清单"，就具有很强的可操作性。于是"63 号文"应运而生。

2021 年 8 月，《住房和城乡建设部关于在实施城市更新行动中防止大拆大建问题的通知》（建科〔2021〕63 号）发布。通知不长，明晰指出在城市更新中，什么不能做，什么应该做，具有非常强的专业性与指导性。

通知指出，实施城市更新行动要顺应城市发展规律，尊重人民群众意愿，以内涵集约、绿色低碳发展为路径，转变城市开发建设方式，坚持"留改拆"并举、以保留利用提升为主，加强修缮改造，补齐城市短板，注重提升功能，增强城市活力。

一要坚持划定底线，防止城市更新变形走样：严格控制大规模拆除；严格控制大规模增建；严格控制大规模搬迁；确保住房租赁市场供需平稳。

二要坚持应留尽留，全力保留城市记忆：保留利用既有建筑；保持老城格局尺度；延续城市特色风貌。

三要坚持量力而行，稳妥推进改造提升：加强统筹谋划；探索可持续更新模式；加快补足功能短板；提高城市安全韧性。

3

异，在于各个城市的政策。

正是由于"63 号文"的指导性非常强，各城市积极响应。我们选取几个城市以作借鉴参考。

坐标——上海。

2021 年 8 月，《上海市城市更新条例》（以下简称《条例》）公布，与"63号文"一致：本市城市更新，坚持"留改拆"并举、以保留保护为主，遵循规划引领、统筹推进，政府推动、市场运作，数字赋能、绿色低碳，民生优先、共建共享的原则。设立城市更新中心，按照规定职责，参与相关规划编制、政策制定、旧区改造、旧住房更新、产业转型以及承担市、区人民政府确定的其他城市更新相关工作。

对于公有旧住房（有承租人），《条例》中对于建筑结构差、年久失修、功能不全、存在安全隐患且无修缮价值的公有旧住房，经房屋管理部门组织评估，需要采用拆除重建方式进行更新的，以及对于建筑结构差、功能不全的公有旧住房，确须保留并采取成套改造方式进行更新的，都明确了相关流程。对公房承租人拒不配合拆除重建、成套改造的情况，也列出了相应的措施。

为鼓励多方参与，《条例》制定了非常明晰的措施。举例来说：

根据城市更新地块具体情况，供应土地采用招标、拍卖、挂牌、协议出让以及划拨等方式。按照法律规定，没有条件，不能采取招标、拍卖、挂牌方式的，经市人民政府同意，可以采取协议出让方式供应土地。鼓励在符合法律规定的前提下，创新土地供应政策，激发市场主体参与城市更新活动的积极性。物业权利人可以通过协议方式，将房地产权益转让给市场主体，由该市场主体依法办理存量补地价和相关不动产登记手续。城市更新涉及旧区改造、历史风貌保护和重点产业区域调整转型等情形的，可以组合供应土地，实现成本收益统筹。城市更新以拆除重建和改建、扩建方式实施的，可以按照相应土地用途和利用情况，依法重新设定土地使用期限。对不具备独立开发条件的零星土地，可以通过扩大用地方式予以整体利用。城市更新涉及补缴土地出让金的，应当在土地价格市场评估时，综合考虑土地取得成本、公共要素贡献等因素，确定土地出让金。

对于我们关注的历史片区，《条例》规定：

在本市历史建筑集中、具有一定历史价值的地区、街坊、道路区段、河道区段等已纳入更新行动计划的历史风貌保护区域开展风貌保护，以及对优秀历史建筑进行保护的过程中，符合公共利益确需征收房屋的，按照国家和本市有关规定开展征收和补偿。城市更新因历史风貌保护需要，建筑容积率受到限制的，可以按照规划实行异地补偿；城市更新项目实施过程中新增不可移动文物、优秀历史建筑以及需要保留的历史建筑的，可以给予容积率奖励。对零星更新项目，在提供公共服务设施、市政基础设施、公共空间等公共要素的前提下，可以按照规定，采取转变用地性质、按比例增加经营性物业建筑量、提高建筑高度等鼓励

措施。

坐标——济南。

2021 年 10 月，《济南市城市更新专项规划（2021—2035）》（以下简称《规划》）向社会征集意见。

《规划》提出优化区域功能布局，构建"历史城区""二环以内""中心城区""市域范围内其他建成区"等四大更新圈层，城市更新与产业创新发展挂钩，历史文化名城有机更新，避免大拆大建。济南近期计划打造 5 大片区，通过 55 项行动进行存量提质。

《规划》要求合理确定城市更新方式：

一是保护改善。在满足历史文化保护要求的前提下，对历史文化遗存和历史地区进行维护修缮、风貌恢复、活化利用的更新方式。主要适用于建成区内的文物保护单位、历史建筑等历史文化遗存，以及历史城区、历史文化街区、历史风貌区等历史地区。

二是综合整治。在维持现状格局基本不变的前提下，进行建筑维护、局部改扩建、功能优化、风貌提升、环境整治、公共服务设施和基础设施完善等建设活动的更新方式。主要适用于城镇建成区内使用功能、配套设施和人居环境需要完善提升的区域。

三是拆除重建。根据城市发展需要，对原有建筑物进行拆除，按照规划进行重新建设的更新方式。主要适用于存在重大安全隐患、现状功能与城市发展定位不符、土地利用低效、配套设施缺失以及人居环境亟待提升、通过综合整治更新方式难以改善的地区。

对于我们关注的历史片区，《规划》明确：

历史文化遗产，包含市域范围内的历史城区、历史文化街区、传统风貌区、历史建筑等历史文化遗产。为引入社会力量和资本，加强历史建筑活化利用，对国有历史建筑，通过公开招标等方式选择符合要求的单位和个人进行出租或出让，给予减免国有历史建筑租金、放宽国有历史建筑承租年限等优惠政策鼓励社会参与保护工作。非国有历史建筑以收购、产权置换等方式鼓励、支持保护责任人通过功能置换、兼容使用、经营权转让、合作入股等多种形式促进其活化利用。居民按照保护图则的要求维护修缮历史建筑时，可以按照《济南市历史建筑修缮维护补助资金管理办法》，向市或县（区）人民政府申请补助。

第四节 同·皆为白发变垂髫

1

同，在于共同探索。

我们的城市建设，已经由过去大规模的增量建设，转向存量提质改造、增量结构调整。在"63号文"的指导下，各个城市的城市更新都将转变为政府引导、市场运作、公众参与的可持续模式。

2021年11月，为了积极稳妥地实施城市更新行动，引领各城市结合自身实际，因地制宜探索城市更新的工作机制、实施模式、支持政策、技术方法和管理制度，住房和城乡建设部办公厅公布了"第一批城市更新试点名单"：北京市、河北省唐山市、内蒙古自治区呼和浩特市、辽宁省沈阳市、江苏省南京市、江苏省苏州市、浙江省宁波市、安徽省滁州市、安徽省铜陵市、福建省厦门市、江西省南昌市、江西省景德镇市、山东省烟台市、山东省潍坊市、湖北省黄石市、湖南省长沙市、重庆市渝中区、重庆市九龙坡区、四川省成都市、陕西省西安市、宁夏回族自治区银川市。①

试点的目的，是通过推动这批试点城市结构优化、功能完善和品质提升，形成可复制、可推广的经验做法，引导各地互学互鉴，科学有序地实施城市更新行动。

《住房和城乡建设部办公厅关于开展第一批城市更新试点工作的通知》引导这21个城市（区）重点探索统筹谋划机制、可持续模式和配套制度政策三个方面。这也是各个城市在更新工作中需要重点关注、重点解决的问题：

> 探索城市更新统筹谋划机制。加强工作统筹，建立健全政府统筹、条块协作、部门联动、分层落实的工作机制。坚持城市体检评估先行，合理确定城市更新重点，加快制定城市更新规划和年度实施计划，划定城市更新单元，建立项目库，明确城市更新目标任务、重点项目和实施时序。鼓励出台地方性法规、规章等，为城市更新提供法治保障。

---

① 住房和城乡建设部办公厅：《住房和城乡建设部办公厅关于开展第一批城市更新试点工作的通知》（建办科函〔2021〕443号），发文日期：2021年11月4日。

　　探索城市更新可持续模式。探索建立政府引导、市场运作、公众参与的可持续实施模式。坚持"留改拆"并举，以保留利用提升为主，开展既有建筑调查评估，建立存量资源统筹协调机制。构建多元化资金保障机制，加大各级财政资金投入，加强各类金融机构信贷支持，完善社会资本参与机制，健全公众参与机制。

　　探索建立城市更新配套制度政策。创新土地、规划、建设、园林绿化、消防、不动产、产业、财税、金融等相关配套政策。深化工程建设项目审批制度改革，优化城市更新项目审批流程，提高审批效率。探索建立城市更新规划、建设、管理、运行、拆除等全生命周期管理制度。分类探索更新改造技术方法和实施路径，鼓励制定适用于存量更新改造的标准规范。

　　苏州，被列入试点城市。据第七次人口普查，苏州城镇常住人口占比为81.72%，比第六次人口普查时上升了 11.65 个百分点，下辖十个市（区）城镇化水平均达到70%以上。

　　城市更新，是应尽之责。

2

　　同，在于共同实践。

　　在列入第一批城市更新试点的 21 个城市（区）中，一大半是国家历史文化名城，包括：1982 年第一批国家历史文化名城中的北京、南京、苏州、景德镇、长沙、成都、西安，1986 年第二批中的呼和浩特、沈阳、宁波、南昌、重庆、银川，以及 2013 年增补的烟台。

　　不难发现，城市更新是试点探索的重点，而国家历史文化名城，更是试点中的重点。

　　"63 号文"，通过设定拆除率、拆建比、就地安置率、住房租金年度涨幅等具体指标，严格控制城市更新过程中的大拆大建和过度地产化等现象。

　　"63 号文"，明确了今后城市更新以小规模渐进式有机更新、微改造、住房成套改造、保障性租赁住房建设、公共服务设施和基础设施建设、公共空间和绿地拓展、既有建筑改造修缮和利用为主。

"63号文"，引导未来的城市更新项目，将盈利模式从地产模式转为长期运营收益，市场主体依靠对物业的经营和管理获取收入。地方政府则是通过城市更新完善了城市功能，带动相关产业，吸引导入人口，从而带来更多的税收。城市更新中的土地收益、开发收益，本质上是为了平衡区域中的公益性投入，而不是为了追求盈利。

这些要求，对于历史城区的影响，要远远小于新建城区。原因很简单，很多历史城区内，受容积率限制、文物保护、人口密度等影响，大量更新工作围绕修缮、微改造或者综合改造，而非"大拆大建"。

从第三章我们了解到，在保护第一的前提下，苏州古城需要进一步更新。但是在这里，更新工作必然面对拆与保、迁与留等一系列权衡与抉择。

因此在第四章，笔者为您梳理了相关理论，分析了他城案例，解读了系列政策。

"他山之石，可以攻玉。"

琢玉苏州之时（图4-3），亦须借鉴与学习。

图 4-3　绣花琢玉

小结　古城之问

第一章，我们对苏州大市的历史文化、自然山水有了一个初步的概念。

第二章，我们概述了苏州市区中，新城区30多年的发展以及更新实践。

第三章，我们重点分析：作为全国第一批24个历史文化名城之一，苏州古城的历史文化得到了较好的保护；与此同时，作为旧城区，苏州古城已经到了城市更新的时间点。

第四章，我们讲了中外的城市更新沿革，以及目前国内外诸多城市的探索。苏州的城市化率高，已进入存量时代，因此被列为全国第一批21个城市更新试点。

将第三、四章的保护与更新两个方面叠加起来，就形成了"历史文化名城保护"＋"城市更新试点"的双重命题。

这，其实就是我们的"古城之问"。

苏州古城是市区之根，是文化之魂。

苏州古城是苏州的，更是中国的、世界的。

在保护第一的原则下：

古城，该更新什么？城市空间盘活、历史建筑保护、人文记忆再生、社交活力重塑……

古城，该由谁更新？各级政府、广大市民、社会资本、城内企业、各类业主……

古城，该怎么更新？聚焦哪些问题，制定哪些政策，选取何种路径，产业如何焕新，如何做到可持续……

"历史文化名城保护"＋"城市更新试点"，需要我们共同探索出城市更新的机制，可持续发展的模式，以及全面的配套制度。

每个城市都是独一无二的，但是城市的发展有其规律可循。

在苏州这个极具个性的城市，讲共性的问题，更有意义。我们相信，苏州提供的保护与更新答卷，可以作为全国140个历史文化名城的参考与借鉴。

因此，我们期待：对"古城之问"，作"苏州之答"。

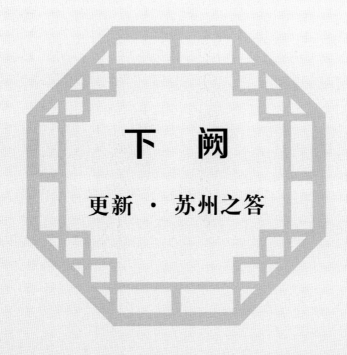

下　阙

更新 · 苏州之答

第五章

不动如岳，往日苏州古城的架构

锚点·象天法地筑新都

动线·柳风拂面山塘渡

平面·水巷红桥遍平江

立体·十万商贾入宏图

引子　2 536 载

城市，见证了人类社会的发展。

我国古代的城市中，都邑类的大多经过规划，方方正正，还得搞点儿青龙白虎的说道；贸易类的多为自发形成，方圆不拘，或依道路铺展，或沿河流弯曲；有的城市由几个商贸市集拼接而成，有的则是基于军事目的逐步扩大。

苏州古城不大，历史脉络清晰。讲到苏州古城的城市更新，得讲一下这座城市的前世今生。这里，先引用苏州市政府网站《政区沿革》中的一段标准表述：

苏州自有文字记载以来，已有 4 000 多年历史。公元前 11 世纪西周泰伯、仲雍南来，号勾吴。春秋时，东周寿梦于公元前 585 年称王，建吴国，吴王阖闾于公元前 514 年始建苏州城，为吴国都城。战国时先后属越、楚，秦代建置吴县，为会稽郡治所。汉代设吴郡。三国时属孙权吴国。南朝时属梁，设吴郡。隋开皇九年（589）始称苏州。宋为平江府。元改平江路为治所。1356 年张士诚改称隆平府。明洪武二年（1369）称苏州府。清代续为苏州府。民国元年撤苏州府，设吴县。1928 年建苏州市，1930 年撤销，复称吴县。

本书讲城市更新，我们来画个重点句——公元前 514 年始建苏州城。苏州古城的最大特点，就是 2 536 年来，城市历史没有中断，城址从未改变，虽然城墙围合尺度屡有变化，城内的街坊、河道、古塔、石桥、建筑都古韵犹存……

这一点在世界城市发展史上，异常稀缺。放在漫长的时间尺度里，一个城市如同一个有机生命体，受自然条件、经济社会等诸多因素影响，在不断地成长与变化，经历着繁盛或衰败。

绝大多数历史超过千年的城市，由于河流改道、气候变化、污染灾害、战争损毁等各种原因，城址在一定范围内会有调整。例如，最知名的古都西安，在历史长河中其实有 4 个城址，即西周丰镐、秦咸阳、汉长安、隋唐长安。

因为城址没有变化，自公元前 514 年起，在苏州古城围合范围内，广义上的城市更新，已经进行了 2 536 年！

由于苏州的历史太过悠长，罗列出城市发展的各个时间点，读起来难免枯燥乏味。我们化繁为简，在这漫长历史中，选取 4 个时间点，4 幅规划图。

让我们拨开历史的迷雾，从这几幅图中，去探寻苏州古城"城市更新"的故事。

第一节　锚点·象天法地筑新都

1

锚点，船的定位点。

船行于大江大河，把锚一扔后，船怎么晃悠都会围绕这个锚点。

而苏州古城的锚点，便是 2 536 年前由伍子胥定下的。

这一节，让我们展开古城的第一幅规划图——"阖闾大城控制性详细规划"。编制者：伍子胥。时间：公元前 514 年。

图是肯定有过，不过已经湮没在 2 500 多年的历史长河中。幸运的是，因为古城的城址未动，又被多本古籍记录印证，我们得以想象当时规划蓝图的风采（图 5-1）。

先说说城市规模：

东汉的《吴越春秋》和《越绝书》都描述了阖闾大城（吴大城）的营建尺度规模：

> 子胥乃使相土尝水，象天法地，造筑大城。周回四十七里，陆门八，以象天八风，水门八，以法地八聪。筑小城，周十里，陵门三。[①]
>
> 吴大城，周四十七里二百一十步二尺。陆门八，其二有楼。水门八。南面十里四十二步五尺，西面七里百一十二步三尺，北面八里二百二十六步三尺，东面十一里七十九步一尺。阖庐所造也。吴郭周六十八里六十步。吴小城，周十二里。[②]

对于吴大城的周长，两本书互相印证，《吴越春秋》记载为四十七里，《越绝书》更精确些，为四十七里二百一十步二尺。很多有关苏州古城的文章著作中，说相当于 23.5 公里，其实是误用了现代"里"的概念。

一般推算，周代的 1 尺是 20 厘米多一点儿，秦汉就比较精准了，23.1 厘米；1 步 6 尺，300 步 1 里；也就是说，东汉记载的 1 "里"，是 415.8 米左右。所以，阖闾大城的周长：《吴越春秋》中为 19.54 公里；《越绝书》中为 19.83 公里。

---

① 〔东汉〕赵晔：《吴越春秋》卷四《阖闾内传》，《四部丛刊初编》本。
② 〔东汉〕作者不详：《越绝书》卷二，《四部丛刊初编》本。

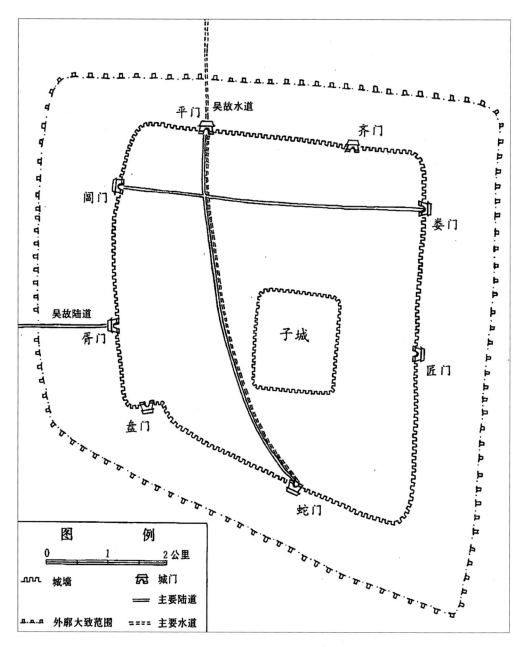

图 5-1　阖闾大城示意图①

① 曹子芳、吴奈夫：《苏州》，中国建筑工业出版社，1986 年，第 30 页。

当时建设城市，是有"城市规划标准 1.0 版"的——那就是《周礼·考工记》。据称是周公旦所著，推测只是他下令编撰的吧。书中对于城市的形态、宗庙、宫殿和市场等布局都做了归纳，可以算作我国最早的城市规划规范。《周礼·考工记》对城市的营建规范是："方三里，而都邑则为九里"——宫城周长 12 "里"，都邑周长为 36 "里"。

分封之初，各诸侯国的都市，形态虽然不同，大体还是按照规定套路出牌的。后期各国争霸，互相不服气，这方面就有点小纠结。

虽然说周室衰微，说话也没人听，但作为诸侯毕竟不能僭越，因此新城规模、建筑规制都得有所节制；一般四周各两个共八个门，比大王城的十二个门少。同时，在群雄并起的年代，诸侯王城又要建设得气派十足，必须镇得住来访使节，提升"国际"形象。所以吴大城在尺度上是"严重超标"的，足以称作一座春秋大城。

再说说城市结构：

城外的吴郭是外城，城内的吴小城是宫城，也就是后世常说的"子城"。小城"周十二里"，大约现在的 5 公里。小城里有东西两个宫殿。吴郭、吴大城与小城，组成了三重城的形制，城内应该也是按照《周礼·考工记》的营国制度，进行功能片区规划的。

吴大城在四个方向的城垣上各开两个城门，分别为阊门、胥门、盘门、蛇门、匠门、娄门、齐门和平门，这些名称大部分沿用至今。

这里，要特别提醒读者注意：虽然苏州大多数城门沿袭了旧名，但毕竟经历了两千多年的岁月，在朝代更迭、"城市更新"中，其实城墙不断在发生变化，甚至屡次被战争损毁。

根据唐《吴地记》记载，城周 42 里 30 步，按唐代标准演算约 22 公里；根据元《平江路新筑郡城记》记载，城周 45 里，按元代标准演算约 24 公里；根据明《洪武苏州府志》记载，城周 34 里 53 步，按明代标准演算约 19 公里；根据清《苏州府志》记载，城周 45 里，按清代标准演算约 26 公里。

而如今的姑苏古城，最为小巧可爱，护城河内实测为 15.5 公里，面积为 14.2 平方公里。因此，现在古城的每座城门，具体位置其实已经多次更改。

更合理的提法是：

一、城址。自公元前 514 年起，苏州古城城址从未改变，这点我们将在下文

更详细阐述。

二、城墙。不仅从夯土变为砖墙，其高度、周长也随着时事变迁，屡有变化；城市面积也因此有增有减。

三、城门。各个城门随着城墙的变化，已经经历多次位移，不过大多沿用旧名，能够与阖闾大城时的名称相对应。

锚点，选址的逻辑。

关于春秋吴国，可以看两张图：标准地图选取了吴国核心区位置，反映了古今地名及海岸线的变化（图5-2）；疆域示意图，更清晰地反映了吴国大致范围（图5-3）。其中，值得注意的是两个吴国都城的位置。

本书第一章讲到吴国的源起：商末，公元前12世纪，周太王的长子泰伯奔吴，在梅里（今无锡梅村）筑城建立"句吴"（勾吴）。当周武王坐稳了江山后，派人千里寻找，正式册封当时统领句吴小国的周章为"吴伯"。

这个"吴国"是姬姓的同姓国，根红苗正资历深，还有"让王"的美丽传说。因此，司马迁在公元前109年开始著《史记》时，把《吴太伯世家》放在了各诸侯国历史记录的第一位，用了近五千字，详细记载了吴国从公元前12世纪至公元前473年的历史。感谢太史公，吴国的历史脉络、人物关系、重大事件异常清晰。

经过十几代吴伯传来传去，在公元前585年，吴伯寿梦继位。当时的吴国，国力逐渐走强，在各诸侯国中也有点儿发言权了。从寿梦开始，吴伯正式升格，自称"吴王"了。寿梦的儿子诸樊，将吴国的政治中心南迁至苏州。

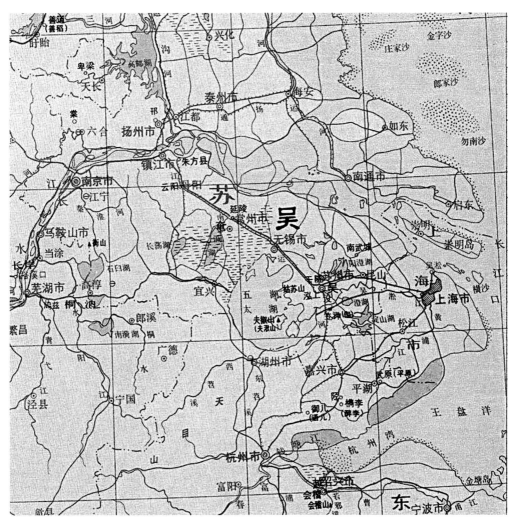

图 5-2　春秋吴国地图①

---

　　① 中国历史地图：《春秋：楚、吴、越》，截取部分，http://ccamc.co/chinese_historical_map/index.php，访问日期：2022 年 5 月 17 日。

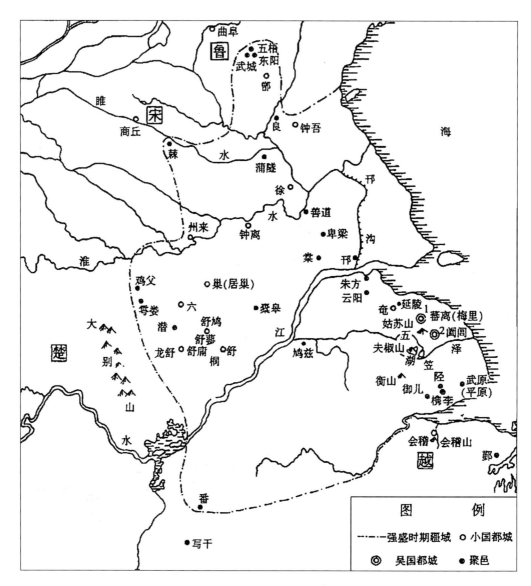

图 5-3　春秋吴国疆域①

---

①　曹子芳、吴奈夫：《苏州》，中国建筑工业出版社，1986 年，第 27 页。

公元前 514 年，当吴王阖闾继位时，国境已经包括了今天的江苏、安徽南部以及浙江北部地区。作为诸侯强国，吴国正式进入春秋争霸序列。阖闾刚继位，问伍子胥治国之道。《吴越春秋·阖闾内传》记下了伍子胥的著名建议："凡欲安君治民，兴霸成王，从近制远者，必先立城郭，设守备，实仓廪，治兵库。斯则其术也。"

建议"先立城郭"，就是要建设大城。于是阖闾说"寡人委计于子"——你的建议真不错，那就你去干吧。这一点古往今来好像都差不多，"阖闾大城"的选址与建设任务自然落到伍子胥肩上。

伍子胥"相土尝水，象天法地，造筑大城"，说明这位伍总规划师还是非常接地气的。他深入勘测一线，"相土尝水"，考察吴地的地质、水文等状况。然后，大张旗鼓地"象天法地"，观天象测风水。要知道，春秋时期正向理性人文时代转型，卜巫文化的氛围还很浓厚，如果能"争取"点祥瑞出来，对上说服、对下动员的事情，就都迎刃而解了。

从地缘政治角度来看，在那战火纷飞的年代，邻居个个都不是吃素的，作为一国之都，要围绕军备竞赛的总思路来考虑。阖闾大城自身规模不小，有一定的防御能力；处在太湖以东的广阔平原间，有一定的战略纵深，可以协调配合西部丘陵地区的屯兵基地和湖河要路的水军防区，有利于军事攻防调度。

从水文地理角度而言，阖闾大城中水道纵横，向西连通着浩瀚太湖和点状丘陵山区；东面则是河网密布的平原地带，水陆交通，四通八达。城市周边太湖、阳澄湖、金鸡湖、独墅湖、澄湖等大小湖泊，河道纵横，有利于农业生产，粮食储运调配也非常方便。

吴国历史绵延长达 700 年，但从称雄争霸到消失的时间很短，仿佛是昙花一现。吴地民众对君王无感，但为了纪念伍子胥，至今保留了胥门、胥口、胥江等地名。甚至于古时这里的端午节，不是为了纪念楚大夫屈原，而是为了纪念苏州这位优秀总规划师的。

阖闾大城论规模在当时是一流的。很多书籍、影视作品，甚至在一些博物馆中，将它描绘得高大恢宏：平整耸立的石头城墙，整齐的女儿墙与箭垛，城门多门并列，城楼甚至有两层。不过对于春秋时代的城市，读者您一定要大大降低期望值：

一是筑城之时，大城就是一座军事导向城市。因此，在城内有大量兵营、冶

坊用地。不仅在城市外廓有农田农户，大城内部也有池塘、农田，以备战时之需。也就是说，阖闾大城的内部是较为松散的结构。除了子城的宫殿外，留有大量的城市空间。

二是与同时代的城市一样，阖闾大城是夯土城墙，谈不上有多么雄伟。一直要等到五代后梁龙德二年（922），砖砌墙面才替代了土墙。城高二丈四尺，内外有濠。南宋宝祐二年（1254），城墙的顶上才增建女墙。也就是说，苏州建城的 2 500 多年中，1 400 多年都只是一个可爱的小土城。

3

锚点，千年未变。

文献法，是最为常用的历史研究方法。

先秦两汉，能留存下来的信史不多。苏州古城是极其幸运的：

有西汉《史记》梳理出吴国自公元前 12 世纪左右，一直到公元前 473 年的清晰脉络，并且锚定了建城的具体年份——公元前 514 年。

有东汉《吴越春秋》和《越绝书》相互印证阖闾大城的确切形制规模。换句话说，在东汉时，关于大城的描述就不是孤证。

到了唐代，张守节的《史记正义》是《史记》三家注之一，其最大特点是侧重于地理注释和演变沿革。他在为《史记·春申君列传》作注解时写明："阖闾，今苏州也"；"大内北渎四纵五横至今犹存"。① 还有一大堆官方典籍、民间记载：唐代陆广微的《吴地记》、北宋朱长文的《吴郡图经续记》、南宋范成大的《吴郡志》等，就不一一列举了。

随手再举个小例子，对于阖闾大城在哪里，读者便了然于胸了：江南水乡的河道常有变化，但山是挪不动的。《越绝书·外传记吴地传》中记录"阖庐（阖闾）冢，在阊门外，名虎丘……"。阖闾大城还能跑哪里去呢？

考古法，是最为直接的历史研究方法。

可惜在古城中，历经了如此漫长的"城市更新"，有大型考古挖掘、考古发现的机会寥寥。不过，在葑门程桥、西北街都曾经出土过青铜器，为春秋后期或

① 〔唐〕张守节：《史记正义》卷七十八，《钦定四库全书》本。

春秋战国之际的文物；城内，多处城墙遗址被推断为战国时期，可惜目前尚没有直接的春秋城墙遗址发现；在城外，历年来发现了不少春秋遗址及春秋墓葬。

近年来，苏州古城西南的木渎，以及无锡等地，都有重大的考古发现：时间方面振奋人心，都被推定为春秋晚期；可惜按照考古发现，与史书记载的阖闾大城的周长和小城（子城）周长，都相差很大；缺乏城门、城内河道、外部山川等对应关系。因此，这些发现无法撼动自汉代以来逻辑自洽的文献体系。这也是古城在一些学术争论中，一直表现得优雅淡定的原因所在。

对木渎春秋城址，可以做一些学术推断：从吴王寿梦（在位 25 年）开始在苏州经营，诸樊（在位 13 年）正式从梅里南迁，历经余祭（在位 17 年）、余眜（在位 4 年），直到吃烤鱼时被干掉的吴王僚（在位 12 年），都以苏州为政治中心。这几十年间的宫殿、城市，目前找不到文献记载，很有可能就是建于木渎附近。阖闾建都大城后，这一带旧城被用作行宫，与《越绝书》中"阖闾出入游卧，秋冬治于城中，春夏治于城外，治姑苏之台"的记载相符。

而无锡阖闾城，位于无锡与常州交界处。经南京博物院的考古调查，确认城长 2.1 公里，宽 1.4 公里。从规模角度看，相比史书记载太过小巧。近年来，在原吴国范围内，考古发现多处春秋城址。因为处于相近年代，它们也被称作阖闾城、夫差城。这些城市或军事堡垒，从侧面反映了定都阖闾大城后，吴国正式进入强吴时代，军事版图日益扩张。

2 500 多年来，苏州古城的城址从来没有变动过。

2 500 多年来，苏州古城一直在进行着城市更新。

春秋时期，很多与阖闾大城规模相似的城市，要么位置迁移，要么早已湮灭。翻翻芒福德的鸿篇《城市发展史》[①]，在世界范围内，一个城市的城址历经两千多年不变，也极其罕见。而第二章提出的现代苏州市区"米"字形结构，也是源于这个良好的规划。

阖闾大城，城址未变。

伍相的这幅城市规划图，已成经典。

---

①　刘易斯·芒福德：《城市发展史——起源、演变和前景》，宋俊岭、倪文彦译，中国建筑工业出版社，2004 年。

4

锚点，文脉的蔓延。

经历了吴国短暂的辉煌后，在中国历史宏大版图上，苏州这个小城，再也没有成为过重要都城。

战国后期，这里是四公子之一——春申君黄歇的封地。《史记·春申君列传》中记述："请封于江东。因城故吴墟，以自为都邑。"越灭吴之后，吴都被废，春申君是在旧址上建城的。这也是苏州古城第一次经历损毁与重生。而这种经历，在其漫长的城市历史中，还将不断发生。

秦代，吴县是会稽郡治所。汉代，先后为会稽郡和吴郡治所。《史记·货殖列传》记载："夫吴自阖闾、春申、王濞三人，招致天下之喜游子弟，东有海盐之饶，章山之铜，三江五湖之利，亦江东一大都会也。"秦汉时，这里又成为一个区域重要城市了。

姑苏台，是吴王在古城近郊的行宫，也是苏州园林的最早期形式——苑囿园林。这里，是苏州园林的乳莺初啼。随着时间的推移，宫殿逐渐倾颓破败。但是一颗小小的种子已经种下，无论是多少年后，仍被怀古咏今者频频提及。

8世纪，诗仙李白登上姑苏台，对着墙基废池，举杯感怀作《苏台览古》：

旧苑荒台杨柳新，菱歌清唱不胜春。

只今惟有西江月，曾照吴王宫里人。

12世纪，姜夔乘船游姑苏台，只能对着柳树感慨，作《姑苏怀古》：

夜暗归云绕柁牙，江涵星影鹭眠沙。

行人怅望苏台柳，曾与吴王扫落花。

17世纪，估计柳树也不见了，诗人庞鸣发思古之幽情，作《姑苏八咏》（其一）：

屧廊移得苎萝春，沉醉君王夜宴频。

台畔卧薪台上舞，可知同是不眠人。

21世纪，一般认为姑苏台就是现在的灵岩山，响屧廊、采香径等地名仍被应用，吴王西子的故事还被人娓娓道来。一口气登上山峰，难免也诗兴勃发，临时凑一首七绝《姑苏台》应应景：

西子宫阙化禅林，一池云水洗尘心。

姑苏台上望千载，把盏邀风唱古今。

时间流逝，只要姑苏台这名字仍在，这根就还在。即使建筑早已消失，文脉也能够永续传承。

这，就是文化生长的力量。

姑苏，这一名称源自姑苏台。姑苏城、姑苏区也是如此。不管城墙、街道、建筑如何更改，只要古城没有迁移灭失，文脉就能源源不断地传承。

热血的春秋时代，千年飞逝而去。

明月，依旧照古城。

而古城，正在默默等候着一条"大动脉"带来的大发展……

第五章　不动如岳，往日苏州古城的架构

第二节 动线·柳风拂面山塘渡

1

动线，运河之水。

这一节，让我们展开一张对古城极为重要的工程图纸——"隋唐江南运河工程图"。审批人：杨广。时间：公元610年。

下面我们照搬本章第一节的表述方式：

图是肯定有过，不过已经湮没在1 000多年的历史长河中。幸运的是，虽然经过苏州的路径屡有调整，但是至今大体脉络不变，仍能通行无阻。如今的运河与古城周边水系的关系如图5-4所示。

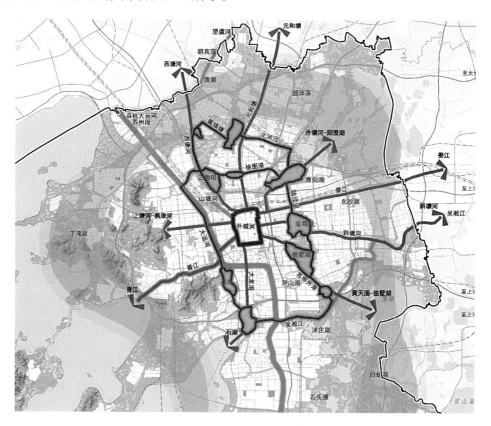

图 5-4 古城周边水系①

---

① 苏州市自然资源与规划局：《苏州市城市设计导则》，附图3，发布日期：2019年8月7日。

图中，护城河清晰地勾勒出古城的轮廓，周边河网密布，湖泊密度更是惊人，水乡特色鲜明。其中，京杭运河苏州段，南北向穿过苏州。虽然古今的湖泊、河道变化非常大，但整体格局依旧。

看这幅水系图，我们又忍不住要表扬伍子胥啦：

他充分利用了水乡泽国的资源优势，勾勒奠定了今日苏州的水城特色。古城西面靠太湖地区多丘陵，地势较高，到了城区一带水势渐为平缓，众水绕城后东流而去，有利于防洪泄洪。以小河将水系引入城内，一是解决居民生活用水需求；二是兼具防涝的蓄水排水功能；三是提供交通运输的功能，为此城垣上设计有水城门，便于水上交通管控，历代苏州都保留着水城门。

贯通南北的大运河，不仅如玉带般装饰着这座千年古城，更是这座城市发展兴盛的强大引擎。我们甚至可以说：

如果没有大运河，这里就不会成为唐代的天下雄州之一；

如果没有大运河，这里就不会成为清代的天下四聚之一……

2

动线，运河的作用。

由于良好的自然、气候、地理、水文因素，随着农业生产技术的不断提升，吴地逐渐成为全国的重要粮仓之一。

三国两晋南北朝时期，江南一带从孙吴政权开始，经历了东吴、东晋、宋、齐、梁、陈等朝代更迭。不过，与战乱频繁的北方相比，江南一带总体仍然平稳安定。大量北方士庶南迁，既带来了劳动力，也带来了较为先进的农业生产技术。南迁移民与当地百姓一起，兴修水利、开垦荒地，改"火耕水耨"为精耕细作。

农田耕种的精细化，直接影响了单位亩产。江南经济发展开始追赶上了北方，自隋代开始，民间有了"苏湖熟，天下足"的说法。同时，北方士族文化与江南文化的融合混搭，也促进了苏州文化的大发展。

粮食产量上去了，贸易流通愈显重要。如果没有大运河，苏州应该也就一直是个静谧小城。

不过说起大运河，又得提到春秋吴国。阖闾、夫差陆续开凿了从阖闾大城平

门，直到今天扬州的古江南河；向南，开"百尺渎"通古钱塘江；古江南河和百尺渎，系江南运河的前身。夫差还开通邗沟、菏水，以运送军队与军粮，北上与齐晋争霸。

秦汉建立统一王朝，更加重视经营水运系统。组织开凿运河、疏浚河道，以满足漕运的需求。知名的有灵渠、汴渠、阳渠等。魏晋南北朝时期，开凿了更多的地方性运河。

我国真正意义上的第一条"大运河"，是2 700公里长的隋唐运河。

隋文帝、隋炀帝先后在历代运河的基础上，以隋唐两京为中心，东北向是永济渠连接至如今的北京，东南向是通济渠、邗沟（山阳渎）和江南河，通到如今的杭州。隋唐运河贯通了海河、黄河、淮河、长江、钱塘江五大水系，对于我国的南北政治、经济、社会、文化交流意义重大。

元明清是运河漕运事业最为发达的阶段。我们熟悉的京杭运河，直接将首都与江南相连，承担漕运任务。直到清光绪二十六年（1900），大运河才结束了作为国家漕粮运输通道的历史使命。

2014年，中国大运河被列入世界文化遗产。无论是隋唐运河还是京杭运河，苏州都是沿线重要城市之一。南北运河的贯通，让这里一下子成为水陆交通要地，各地货物在这里集散转运，促进了苏州城市的发展。

直到今天，屡经改道、拓宽的大运河苏州段，仍有货船往来，继续发挥着运输物料的作用。

如今，离古城东南不远，在京杭大运河与胥江交汇处有一处小小的江心洲。那里有一座古驿站——横塘驿站，仍在默默地守望着大运河上的来往船只。读读驿亭上的对联，遥想一下当年的繁忙：

> 客到烹茶旅舍权当东道；
> 灯悬待月邮亭远映胥江。

3

动线，大唐雄州。

公元589年，隋文帝时，阖闾大城正式有了"苏州"这个城市名称，隋炀帝时一度复称吴郡。

唐玄宗时，苏州为江南东道治所，吴县作为州府，下辖六七个县。从此"苏州"被用作古城的一个通称，后来明清两代也以"苏州"作为城市名称。

唐代，全国州郡分为辅、雄、望、紧、上、中、下七等，这最高等级——"辅"只有一个，就是京畿，而雄州听名字就是大州、强州。由于经济地位的不断提高，社会安定，农桑丰稔，各业兴盛，苏州成了全国的财赋重地。公元778年，苏州被升格为雄州。

从春秋的血性刚猛，到盛唐的诗意豪情，一千多年，匆匆而过。

回到我们的城市更新话题。苏州古城在2 536年中，完全没有动窝。但是隋唐时期，城市格局经历过两次较大的变化。

一是隋朝开皇十一年（591），古城因战争破坏严重，杨素把州治搬到城西横山（七子山）以东。后来在唐武德七年（624），行政中心又重新迁回古城。

二是在唐代，叛将战乱导致城墙毁损，唐末刺史张傅主持修复，整体呈"亞"字形状，称为罗城。据记载，当时的苏州城墙南北长12里，东西宽9里，周长四十二里三十步，考虑到唐宋的一里是540米，所以周长约22公里。

晚唐后期，三吴之地已在吴越都指挥使的控制之中，成为一个相对独立的"小王国"。五代十国的混乱时局中，吴越王钱氏更是干脆割据一方。在钱氏三代经营的80余年中，江南地区保持了基本的稳定。

盛唐，诗盛，描写苏州城市的诗篇如江南春雨般丰沛。

韦应物、白居易、刘禹锡三人，先后在苏州任职，被苏州人奉为"三贤"。白居易在这里当过一年半刺史，不仅搞出了山塘街这样的民心工程，更留下了130多篇诗歌。

咏苏州的诗实在太多，但白居易的苏州诗，并不拘泥于感怀某处古迹，或是题记一处名胜。他常常以宏观视角来看苏州。他的诗非常契合本书的主题——城市。随手摘上几句。从中，不难体味盛唐苏州的城市格局与市坊繁华：

半酣凭槛起四顾，七堰八门六十坊。

远近高低寺间出，东西南北桥相望。

——《九日宴集醉题郡楼》

黄鹂巷口莺欲语，乌鹊河头冰欲销。

绿浪东西南北水，红栏三百九十桥。

——《正月三日闲行》

水国多台榭，吴风尚管弦。

每家皆有酒，无处不过船。

——《和梦得夏至忆苏州呈卢宾客》

七堰八门、绿浪红栏、台榭管弦，大运河静静流淌。

几首诗歌的时间，就已经流淌了600多年……

第三节 平面·水巷红桥遍平江

1

平面，《平江图》。

我们展开的第三幅图是"平江行政区划示意图"。审图：李寿朋。时间：1229年。

下面我们再次照搬本章第一节的表述方式：

图是肯定有过，不过已经湮没在800多年的历史长河中。幸运的是，与上两节不同，虽然我们没有原图，但有一块保留完整的石碑。所以，拓片应有尽有！（图5-5）

宋代苏州称平江府。南宋绍定二年（1229），郡守李寿朋重建平江坊市，主持石刻《平江图》。这块约2.5米高的石碑，今天完好地保存在苏州碑刻博物馆内。

南宋定都临安，大量北方人口南迁至江南地区。《宋史·郑毅传》记载："天下贤俊多避地吴越。"[1] 苏州迎来了又一次与中原文化的融合。随着农业技术提高和水利工程不断完善，江南地区的粮食亩产量进一步得到提升，人口增多，经济繁荣。

因此，田园诗人范成大称这一带是"天上天堂，地下苏杭"，就是我们今天常说的"上有天堂，下有苏杭"。公卿大夫们纷纷在都城临安周边城市营宅造园，吴中成为他们卜居的最佳选择之一。

《平江图》详尽刻绘了宋代平江城的平面轮廓、街巷布局、水系特征，以及部分城郊山水，是一幅标准的城市地图。图中有城墙、护城河、平江府、平江军、吴县衙署，以及街坊、寺院、亭台楼塔、桥梁等各种建筑物，其中桥梁300余座，殿堂庙宇200余处。

第五章 不动如岳，往日苏州古城的架构

---

① 〔元〕脱脱：《宋史》卷一九八《郑毅传》，《摛藻堂四库全书荟要》本。

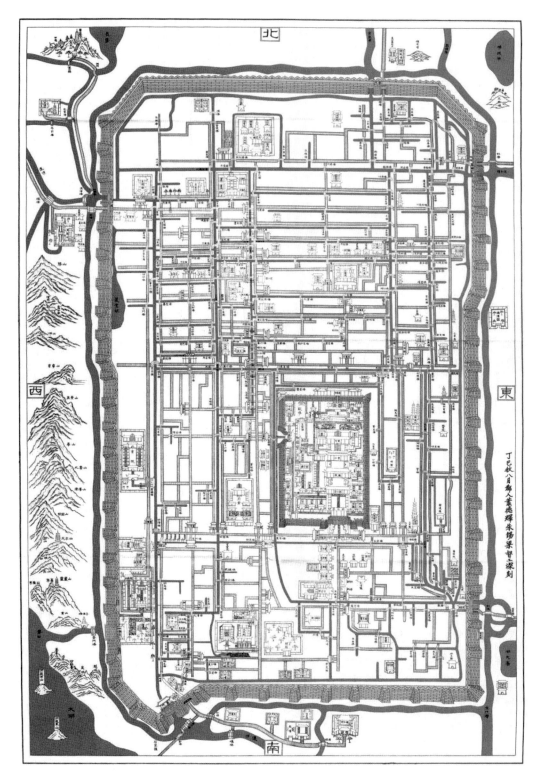

图 5-5　平江图

宋代平江城墙比唐代略小，主要是修正了城市"亞"字形状不规则部分，恢复到较为方正的形状。笔者推测，原因是南宋建炎四年（1130），金军攻陷平江，掳掠焚城，城市接近全毁。战后重建时，城市规模略微缩小。

从平江图上可以看出，宋代苏州的城市街区有以下几个特点：

首先是内城，也就是阖闾大城的子城，一直存续，并被用作行政府署。宋时，这里是平江府的所在地，卧龙街边的吴县则是州署。现代苏州，公园路、锦帆路、十梓街、干将路中间的区域，就是子城原址。子城在明初被废，如今老苏州还称这一带为"皇废基"。

其次是传统的市坊制度在唐中后期就有了逐步改变。商业街区不再限制在东市、西市内。严格规划分区的消失，促进了商业的自然分布与发展。例如城西阊门外，由于水路交通便捷，又临近郊游胜地虎丘，逐渐形成了一片繁荣的商业街区。

最后是宋代苏州园林已经形成了独特的艺术特征。《平江图》中标明的私家园林就有：韩园，如今的沧浪亭；南园，现在苏州中学一带；范村，范成大在城内的宅园；张府；杨园；等等。

2

平面，双棋盘格局。

《平江图》不仅标明路网，还清晰地标明了城内河道。

阖闾大城内，有三横四纵的骨干河道网络。从《平江图》中可以看出，唐宋以来，在三横四纵的骨干河道基础上，城区河道已发展为六纵十四横，共二十条河流；相应的道路也有二十条，其中贯穿南北的卧龙街，就是现在的人民路。

整个城区，形成了"水陆相邻，河街并行"的双棋盘格局。

其实，从水利工程的角度来说，这种"双棋盘"的城建格局，施工起来也比较经济：在疏浚河道时，将挖出的河泥堆在一侧道路上，用以夯实路基和河堤。例如白居易在组织人力疏浚开通七里山塘河时，用挖出的河泥为基础，在山塘河侧修建道路。

古城外，也有很多这样的水利工程。例如，北宋时曾筑吴江塘路，一直通到浙江嘉兴，长百余里。七里一纵浦，十里一横塘。堤岸与道路纵横，既有利于农

田水利建设，又有利于水陆交通。虽然不像古城内那样规整划一，但也可以看作双棋盘格局的"放大版"。

3

平面，城市风貌。

杜荀鹤在一首《游人送吴》中，用简简单单 20 字，就把唐宋古城的风貌勾勒出来：

> 君到姑苏见，人家尽枕河。
>
> 古宫闲地少，水港小桥多。

从空中鸟瞰苏州古城：以公里为尺度，古城城区面积在各个时期虽有增扩或是缩减，但是总体位置、格局保持稳定；以百米为尺度，城市平面布局的"双棋盘"形态，直接影响着城内街区的空间布局。

一个典型的苏州古城街区中，街巷之间相距 60～80 米，是五进到七进的尺度：如果是大宅深院，正好是一户人家；如果是中型民居，则分作南北两户。住宅片区街河相邻，民居、公建、交通体系相互作用，形成了独具魅力的城市特色。

枕河人家的生活方便惬意，把后门一开，走下石踏步，就可以触碰流淌的河水。主妇们在这里洗菜、淘米、浣衣；同时，这里又能临时停靠船只，农家将最新鲜的鱼虾、瓜果、蔬菜直接送上门来，效率堪比现在的快递小哥。

在苏州，沿河的建筑有高有低，哪一条河道都不是平铺直叙的。这里一处建筑伸到河面上方，那里出现一个内凹码头；这里岸边点缀三两树木，那里沿河斑驳墙壁上嵌有各式花窗；加上石桥点缀，整个水巷景观非常丰富。难怪一说到烟雨姑苏，总会拿这幅画面作为标准镜头。

美则美矣，但有一个问题：既然城市总轮廓变化不大，在经济繁荣时期，人口快速增长与有限宅基地间的现实矛盾，古人是如何应对的呢？

首先，由于江南木结构建筑的特点，苏州民居以单门独户居多，最多两层。要提升容积率，向上争取不行，就只有依靠提高建筑密度了。如今古城内，有很多保留完好的小巷子，民居沿街沿河，蜿蜒连绵，重重叠叠，错落有致，构成了"小桥流水人家"的意境特色。

笔者儿时，即使是穿城而过的南北主干道——人民路也并不宽阔，就像是一条"大弄堂"。大石块铺砌的路面，虽然坐在公交车上有些颠簸，但古朴漂亮。正是这种高密度，催生了建筑群落中的地域特征。例如，小街区共用一片水井场地，住宅之间以窄巷备弄连接，屋宇之间点缀非常小巧的天井，等等。

其次，在"双棋盘"的紧凑格局中，与邻居的房子已经是在跳"贴面舞"了，没法左右拓展。不能向前去侵占街巷路面，就只能向后面河道做最大限度的争取工作了。宋代，苏州城内的河岸长达164里以上。关键是这些河道的驳岸是官家修建的，由花岗石层层砌筑，质量非常好。于是，很多民居就以驳岸为一侧房基，压着驳岸建房。更厉害的，用大木桩直插河床来承重，或者利用驳岸上的"挑筋"，也就是驳岸上伸出河面的石条作为支撑点，从水面争取一点点居住面积。

这种与水相伴、空间紧凑的建筑形式，与威尼斯的街区异曲同工。威尼斯人也是借水面来构筑民居，并以水巷沟连交通，在冈多拉那不紧不慢的桨声欸乃中，过着惬意的意式生活。

难怪，人们说苏州是"东方的威尼斯"。

其实，比比年资，威尼斯应该自豪地称自己是"西方的阖闾城"啊！

上文我们谈到了城市的整体格局、街区的张弛尺度、民居的紧凑特点。这时再看苏州园林，多是几亩的小场子，甚至出现了很多"螺蛳壳里做道场"的袖珍园林，就一丁点儿也不奇怪了。这种特殊的城市风貌，一直传承至今。

我们在第三章中提到历史文化名城保护，这种水陆双棋盘的城市格局，这种街区民居风貌都是重点保护的内容之一。

可惜的是，《平江图》完成仅仅46年后，元军攻占古城。1275年，元军下令拆毁全部城墙，废弃的城堞成了百姓的杂居之处。还好政局稳定后，元朝在江南采取了一系列鼓励生产的措施。1351年，城墙也得以重建恢复，甚至还有所扩大，古城周长达到24公里左右。

由于经济与文化的积累，在这座城市，医治战争创伤的时间更短些。古城很快又一次恢复元气，并没有衰落或移址重建。苏州北依长江，在入海口处的太仓刘家港，海舟巨舰可以直抵运粮。因此，这里成为江南漕粮运输元大都的转运基地和重要的对外通商港口。

我们隆重介绍《平江图》，不仅由于其刻画精细，史料价值高，更为重要的

是，《平江图》反映的南宋苏州城内风貌，与我们现在行走的古城太过接近。

我们铺展开巨幅拓片，看得太投入，时间消消流逝，光影婆娑摇曳。此时，不来首宋词，怎么说得过去？

北宋贺铸，写在古城郊外横塘的《青玉案》：

> 凌波不过横塘路，但目送、芳尘去。锦瑟华年谁与度？月桥花院，琐窗朱户，只有春知处。

> 飞云冉冉蘅皋暮，彩笔新题断肠句。试问闲情都几许？一川烟草，满城风絮，梅子黄时雨。

梅子黄时雨，淅淅沥沥，下了五百年……

第四节 立体·十万商贾入宏图

1

立体，《姑苏繁华图》。

第四幅图，其实是一份"规划成果汇报 PPT"——《姑苏繁华图》（又名《盛世滋生图》）。绘者：徐扬。时间：1759 年。

虽然年代久远，这幅图如今仍保存完好（图 5-6）。

图 5-6 《姑苏繁华图》节选

清乾隆二十四年（1759），苏州籍宫廷画家徐扬完成了一幅 12 米长卷，把苏州的自然山水与市井繁华尽收于长卷之中。

如果说《平江图》是个规划示意图的话，《姑苏繁华图》就是个精细入微的规划成果 PPT 详细汇报稿。甚至，可以说是以写实的手法，"拍摄"了一部行走苏州的纪录片，"编辑"了一套清代苏州的百科书：

画面从城西南的灵岩山起，经木渎镇，越横山，渡石湖，过上方山、狮山、何山，入苏州城，过盘门、胥门、阊门，穿山塘街，至虎丘山止。妙笔所至，连绵数十里内的湖光山色、水乡田园、村镇城池、社会风情跃然纸上，完整地表现了古城苏州的市井风貌。

从图中不难发现，苏州的水城特色得以继续保持。经过历年不断完善，根据《吴中水利全书》记载，除了"城内河流三横四直之外，如经如纬尚以百计，皆自西趋东，自南趋北，历唐、宋、元不湮"①。

自明代中期起，苏州就以工商业发达著称于世，东半城主打丝织等手工业生产，西半城以商业贸易闻名。商业在图中反映得最为详细，有心人做过统计，整幅画中共有熙来攘往的各色人物 1.2 万余人，可辨认的商铺 260 余家，房屋建筑 2 000余间，各种客货船只 400 余艘……完整地描绘了苏州城内外风景秀丽、物产富饶、百业兴旺、人文荟萃的繁华景象。

不过有一说一，既然是汇报 PPT，总是难免有些"渲染"成分的。

2

立体，工商城市。

明清两代，苏州都称为苏州府。元末朱元璋与张士诚的决战，明末清军攻陷苏州，都对城市造成了重大破坏。幸运的是，和平的年份占了绝大多数。因此从唐宋元一路走来，伴随着城市的繁荣，苏州常住人口也在迅速增长。

传统农业社会里，地区人口的自然增长和外来移民直接增加劳动力供应，对经济发展具有决定意义。但是，边际收益减少的问题也慢慢浮出水面：

江南地区自然条件优越，经过两千年的开发，农业高度发达。但是生产技

---

① 〔明〕张国维：《吴中水利全书》，《钦定四库全书》本。

术、生产水平已经接近极值。再下一波，就得等到农业机械化、农业生物技术等现代概念了。

传统耕种方式下，土地能够供养的人口是有上限的。明清两代，苏州人均耕地远低于清代学者型官员洪亮吉推算的每人 4 亩地的"饥寒界线"。也就是说，苏州的粮食已经不能满足自身需要。怎么办？按现代语汇，就是"转方式，调结构"啊！

好在这一时期，市场之手的顺势而为，让一切水到渠成。一方面，靠输入。在苏州府，粮食贸易每年达数近千万石，据统计在枫桥一带，集聚的米行超过 200 家，粮食大多从湖南、湖北、江西、安徽调运，能够满足消费需要。另一方面，本地农村产业结构发生变化，大量耕地由水稻改种桑、棉、果、茶等经济作物。因为附加值更高，能让农户在换取粮食后还有盈余。经济作物促进了丝织和棉纺业的迅速发展，使得苏州地区一跃成为全国的丝织、棉织、染整中心。

乾隆年间，苏州城东丝织业集中。全城纺机不少于 1 万张，染坊近 400 家。虎丘附近因为染坊太多，排出的废水污染河道，以至于官府不得不专门下了"环保禁令"，刻立《苏州府永禁虎丘开设染坊碑》。

新兴产业的不断发展，让更多农民从事手工业生产和商业贸易。在吴地，雇用和被雇用的生产关系开始出现，整个城市社会结构发生了改变，苏州从宋元时期的农业重镇，走上了一条更为繁华的工商业之路。20 世纪中期开始，各国学界出版了很多专著，专题研究明末苏州经济，从另一视角看古代苏州，亦别有一番风韵。

苏州古城外有很多市镇，由于水路四通八达，一叶扁舟便能到达。按照赵冈的观点，中国的城市化过程，大类分为行政城郡和贸易市镇两种。明代苏州周边，以及杭嘉湖和松江地区，形成了一批贸易市镇。这些市镇从服务自然经济的简单手工业中心，发展成为生产专业化、商品经济繁荣的经济中心。[①] 从区域规划学的角度看，这些市镇群落密度高，相互间的人流物流频繁。这在整个中国的城市发展史上，都是一道独特的景观。

清代康熙永不加赋的政策，重新将农民固化在农村。有利的方面是保持相对稳定，但是总体城市化水平反倒比明朝有所下降。这并没有影响吴地商品经济的

---

① 赵冈：《中国城市发展史论集》，新星出版社，2006 年，第 187–222 页。

发展。当时苏州的优势主要是区位：通过连通长江、大运河和海运网络，成为东南地区最大的商品集散地。

清代刘献廷在《广阳杂记》中总结了当时的"天下四聚"——北则京师，南则佛山，东则苏州，西则汉口。也就是说，在全国的市场网络中，苏州成为最重要的节点之一。

值得一提的是，正是因为明清苏州商业繁盛，经商几乎获得与为官相仿的社会地位。这样一来，中国传统的社会结构也发生了一些松动与变化。经济基础决定上层建筑。商品经济的发展，为城市和城市文化繁盛奠定了坚实的基础。

《姑苏繁华图》从一个侧面反映了城市的转型与发展。

3

立体，半城亭园。

因为城市百业兴旺，造园之风日益盛行。据统计，16 世纪至 18 世纪，官僚绅士竞相造园，私家园林数量骤增。古城内外园林遍布，小有规模的园林竟然达到了 200 多个。

我们熟悉的拙政园、艺圃、留园、网师园、环秀山庄、耦园、怡园、退思园等，都是在这一时期建设完成的，它们代表了苏州园林的艺术水平。同时，在普通民居宅前院后，点缀花木峰石、亭池小景的，更是多不胜数。苏州也真正成为一个"半城亭园"的园林之城。

同时，苏州园林的造园技艺已经成熟，在各个方面，例如设计、建筑、叠山、园艺等，都形成了专门的工艺与人才体系。园林工匠中，产生了著名的苏州香山帮匠人，其独特的古建工艺得以传承至今。计成的《园冶》、文震亨的《长物志》等著作，更将园林艺术理论与造园实践联系起来，标志着苏州园林已经真正成为一个独立的艺术门类。

苏州园林在明清达到顶峰，证明之一就是怡园。园主叫顾文彬，回家乡后开始建筑怡园。怡园，取怡性养寿之义，全园占地 9 亩，精雕细琢，耗时 7 年才告完成。顾氏的过云楼收藏了很多古代典籍与书画，部分编纂成《过云楼书画记》10 卷。

怡园，将众多名园精华收纳其中：复廊仿沧浪亭，水池似网师园，假山摹环秀山庄，洞壑法狮子林，画舫效拙政园……对这种博采众长又糅为一体的手法，学者们颇有争论。有的认为它广泛汲取名园之长，是园林艺术精品；有的认为它到处拷贝、流于形式，毫无自身特点可言。实际上，正反两方都应该各退半步，去思考怡园的真正价值：

明清两代，苏州园林在其包含的各个艺术门类中，都已经有了标杆性、经典性作品。当一种艺术体系、艺术风格、艺术流派达到顶峰之时，也意味着突破创新已经不易。这时，才有可能出现怡园这种"集锦集大成"（正方意见），或是"拼凑大杂烩"（反方意见）式的苏州园林。

怡园的规划设计、艺术水准，并非苏州园林艺术的最高水准；但是，怡园的出现，标志着苏州园林艺术体系已经成熟定型，达到顶峰。

4

立体，城市发展的综合观。

苏州园林艺术的顶峰时代，值得回味与欣赏。不过，彼时世界的变化之快，苏州古城却已经没时间去赶上了。

清中叶，开放海禁。随着海运业迅速发展，上海逐渐繁荣。特别是成为通商口岸后，上海拥有优良海港和铁路枢纽，迅速成为大宗货物运输集散地。从经济地理角度说，长江三角洲中心城市的旗帜，已经传到了上海手中。

随着外国商品涌入，吴地标志性的家庭棉纺织业迅速衰落，再加上太平军与淮军之间多次战斗，对于城市工商业破坏巨大。原先商业繁华的城西一派寥落，阊门外繁华不再。随着人口的增减，城内居住的范围也在不断变化。从这幅1917年的地图（图5-7）中，不难发现，古城内有大片闲地。

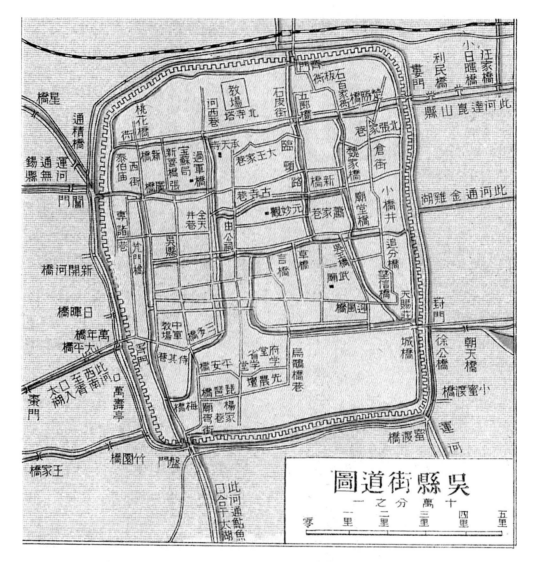

图 5-7　百年前的古城①

　　我们摘录一幅集字联，作为明清两代城市更新的收尾吧。

　　集字联集古代诗文名句，如同裁云剪月一般，巧妙拼合形成对联。清代
"过云楼主+怡园园主"顾文彬堪称此中圣手。一副题怡园联，联语全是集自南
宋辛弃疾的词，一共 13 个词牌。通篇行云流水，绝对是集词联中的高水平：

　　　　古今兴废几池台，往日繁华，云烟忽过。这般庭院，风月新收，人
　　事底亏全。美景良辰，且安排剪竹寻泉、看花索句；

---

　　①　商务印书馆：《分省图集》，1917 年，江苏省第十图，截取部分。

从来天地一粞米，渔樵故里，白发归耕。湖海平生，苍颜照影，我志在辽阔。朝吟暮醉，又何知冰蚕语热、火鼠论寒。

不过，从另一个角度看：集词联与唐诗宋词相比，华美但无神，已经属于咬文嚼字啦。在大变革的时代，苏州已经再难寻觅《姑苏繁华图》中的胜景了。

城市的发展是有机的，有繁花似锦之时，也有枯萎衰败之痛。苏州城市的更新在不断进行，已经两千多年。到了清末，这里又变回一个安安静静的江南小城了。

苏州，在等待下一次大发展的机遇……

小结　历史之脉

时间，如同流水。有的城市在时间长河中渐渐沉沦，有的城市如海底火山般短时间崛起，有的则随着波浪浮浮沉沉。城市的兴盛与失落，更多的时候体现了时代的喜与悲。

苏州从吴国的强盛张扬，到秦汉的略显低调；从唐宋元逐渐发力、城市兴盛，到明清两代引领转型、经济崛起。进入近代，随着世界经济体系发生巨变，海外货物冲击传统生产方式，苏州失去优势、泯然众人，成了江南风景画中的一座普通小城。

这，正是城市有机发展的最真实写照。

好在历经沧桑巨变，古城仍然扎根在这片山水之间。

北宋朱长文在《吴郡图经续记》中，有一段到位的评论：

自吴亡至今仅二千载，更历秦、汉、隋、唐之间，其城洫、门名，循而不变。陆机诗云：阊门何峨峨，飞阁跨通波。其物象犹存焉。隋开皇九年，平陈之后，江左遭乱。十一年，杨素帅师平之，以苏城尝被围，非设险之地，奏徙于古城西南横山之东，黄山之下。唐武德末，复其旧，盖知地势之不可迁也。观于城中，众流贯州，吐吸震泽，小浜别派，旁夹路衢，盖不如是，无以泄积潦安居民也。故虽有泽国，而城中未尝有垫溺荡析之患，非智者创于前，能者踵于后，安能致此哉？①

——从吴国灭亡至北宋已经 2 000 年了，这个城市经历秦汉隋唐，城墙河道、城门名称都没有变化。陆机在《吴趋行》中描写"阊门何峨峨，飞阁跨通波"，事物景象留存至今。隋开皇九年平陈后，江左叛乱。十一年，杨素平灭叛乱后，认为苏州城曾被围，无险可倚，向上汇报后把府治移到古城西南横山东、黄山下。到唐代武德年末，又将府治恢复到古城原址，才知道这地势不能迁啊。你看看这城市中，很多河流贯穿，通达大湖，小河众多，河路相傍，不然就不能排积水、安民心。虽然是水城，城中却没有水患。不是智者开创城池，能人跟在后面完善，又怎么做得到呢？

距离朱长文的赞扬又过了 900 多年，如今我们还是可以引用这段话，称赞：

---

① 〔北宋〕朱长文：《吴郡图经续记》上卷，《守约篇》本。

老伍选址多巧思，古城不动如山岳！

有机生长的苏州，古城永远是根。

经风沐雨，传承着历史与文化。

城址没有改变，城墙围合屡经变化，城内不断有机更新……

苏州的城市更新，一写，就是 2 500 年。

第六章

有机生长，昨日苏州古城的保护

1982 · 二十四府皆旖旎
1986 · 远山含黛在河西
1996 · 鲲鹏欲飞展双翼
2011 · 四向舒展新城起

引子　1982 年

第五章，我们一起从春秋飞奔到明清。

路上停顿了四次，仔细欣赏了四幅图卷。从图卷上，了解了苏州建城以来经历的有机更新。

2 500 多年沧海桑田。以现代的眼光看，古城城墙、内部结构的不断变化，都只能算作微调。苏州古城，依然端坐在当年伍子胥画的那个方格之中。虎丘山，这座城市的精神堡垒，依然在古城边默默守护（图 6-1）。

时间走到现代。如今的苏州古城，护城河内圈周长约为 15 公里。而苏州市区迎来了新一轮的发展机遇：

20 世纪 70 年代末，苏州市区的建成区面积是 26.6 平方公里。其中，包括古城 14.2 平方公里，以及古城周边近郊地区。

2020 年，苏州市区的行政管理面积共 4 652.8 平方公里；扣除山体、水面、农田等，苏州市区的建成区面积 481.3 平方公里。

也就是说，40 多年时间，苏州市区的建成区面积增长了 18 倍。在快速的城市化进程中，相信读者也免不了担心：

苏州古城是否已经变成了一座新城？古塔是否已经淹没在高楼大厦之中？一幢幢粉墙黛瓦的沿河古宅是否安好？"水陆并行、河街相邻"的双棋盘格局是否延续？……

幸运的是，古城中汇聚了这样一批人：

有保护古城的建言者推动者，有全情投入的参与者奉献者，有生活于斯的亲历者见证者。他们怀着对于古城的敬畏之心、珍爱之心，在实践中探索出了一条具有苏州特色的古城保护路径。

图 6-1　虎踞之丘

第一节 1982·二十四府皆旖旎

1

古城
是幸运的
总在/对的时候
碰到/那一个对的人……

——《幸运之城》

从春秋到明清，苏州古城城址没变。主动的、有机的更新一直在持续；被动的甚至全面破坏后重生的情况也时有发生。古城，默默记录着锦绣繁华，默默记录着风雨磨难。

每一座城，不仅仅是建筑的集合，更是人的汇集。

到了近代，一批古城又面临着坎坷。例如，在家国存亡之际，很难全面顾及文物的保护，园林等古代建筑破坏严重。

首先，讲讲单个文物的例子。

潘达于（1906—2007），是清末重臣、收藏大家潘祖荫之弟潘祖年的孙媳。大盂鼎和大克鼎是西周时期的青铜重器，由潘氏所藏。自 20 世纪 20 年代起，由于亲人相继离世，潘达于成为潘氏家族大量珍贵文物的掌管者，也承担了守护国宝的重任。

抗日战争期间，她在家人协助下，将包括大盂鼎、大克鼎在内的家藏珍贵器物深埋在地下，书画及部分古董则安放在隐蔽的隔间中。由于安排周密，虽然日军多次上门翻查，威逼利诱，却始终一无所获。这批珍宝，安全地度过了那些纷乱的战争岁月。

中华人民共和国成立后，经过慎重考虑，潘达于女士认为"有全国影响的重要文物只有置之博物馆才能充分发挥其价值"，遂于 1951 年向上海市文物保管委员会捐献了青铜重器大盂鼎和大克鼎及其他珍贵文物 200 余件。两鼎现分别收藏于国家博物馆、上海博物馆。走过战乱年代，单件文物保护不容易，正是这位女士，让重要文物免于流失海外，最终让我们普通人都能欣赏到。

其次，讲讲文物的"合集"——古建园林。

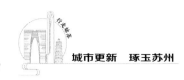

　　刘敦桢（1897—1968），建筑学泰斗级人物，曾任教于苏州工业专科学校。1935年写成《苏州古建筑调查记》，首创性地用现代建筑学的眼光来审视苏州古建园林；他的《苏州古典园林》一书，将从14处苏州园林所得的照片、文稿和测绘图纸汇编，具有很高的文献价值。

　　姚承祖（1866—1938），香山帮传人。11岁当学徒，22岁接手叔父的营造厂。苏州古城内外，由他设计建筑的屋舍庭宇不下千幢，现存的有：怡园藕香榭、光福香雪海梅花亭、灵岩山大雄宝殿、木渎严家花园等。根据家传图谱、建筑成法，结合实践经验，著成《营造法原》初稿。《营造法原》在园林古建行业影响深远，成为江南地区传统建筑营造宝典。

　　大师级的人物还有很多，学者记录古建园林的精神实质，艺匠们传承古建园林的材料工艺。在动荡的岁月中，古城内的一批古建得以存续。即使建筑湮灭，但有了这些记录与技术，也能在后来得到完整恢复。

　　1953年，苏州园林修整委员会成立，刘敦桢、陈从周等专家学者积极参与，指导开展修复工作。同时，以香山帮为代表的吴地古建工匠，充分运用实践经验，成为修复工作中的重要技术支撑，先后抢救修复拙政园、留园、狮子林、虎丘、西园、寒山寺、沧浪亭、怡园、网师园、天平山高义园等园林。至1965年，共有12处园林、8处名胜古迹对外开放。改革开放后，苏州园林更是得到了大量修复。

　　最后，我们说说"园林之城"——苏州古城。

　　在百废待兴时，很多城市往往以工业为先。在城内，可能拆除建筑为工业生产腾挪空间；在城外，往往是有空地就扩展，缺乏统一布局；为了城内城外沟通，很多城墙、牌坊、古桥被移除，河道被填平占用。

　　值得一提的是，1979年，苏州城市总体规划的整体思路中，已经明确古城保护的概念：

　　　　保护和改造老城区，建设城郊区，重点发展小城镇，充分体现苏州城市固有的园林、风景、水乡特色。有计划有步骤地建成园林、风景、旅游城市。老城区按点、线、面确定保护范围，今后不再增建工厂；城外发展5个工业区，并逐步建设上方山、甪直、唯亭、浒关、渭塘、东山等小城镇。①

1981年10月，时任全国政协常委吴亮平，江苏省人大常委会副主任、南京大学校长匡亚明到苏州开展调研。当时的古城，在城市建设方面历史欠账比较多，城中文物古迹损毁情况也比较严重。

对古城保护、园林名胜现状充分调研后，两位先生在《文汇报》发表署名文章《古老美丽的苏州园林名胜亟待抢救》，呼吁社会大众重视；同时递交内部报告，受到了多位中央领导的高度关注，分别做出保护苏州古城的重要批示。

中央和江苏省委各自组成多部门联合调查组，于1982年1月底到达苏州。调查组深入现场进行观察踏勘，并分专业召开了多种类型的座谈会。在了解摸清苏州古城保护存在的问题后，形成《关于保护苏州古城风貌和今后建设方针的报告》上报国务院。国务院于5月12日对该报告进行了批复，在政策和经费上给予大力支持。②

1983年2月，邓小平同志到苏州调研，反复叮嘱"要保护好这座古城，不要破坏古城风貌，否则，它的优势也就消失了；要处理好保护和改造的关系，做到既保护古城，又搞好市政建设"③。

曾经在虎丘塔畔深深思虑，在阊闾城边幽幽夜泊，在沧浪亭中缓缓行走的人，还有很多很多。

古城和古城内的古建园林、历史文物，有了这些人的保护，幸甚！

2

姑苏啊

自从伍相让你安顿下来

就收起了干将剑莫邪钩

食四时之鲜/居园林之秀/听昆曲之雅/用苏工之美

硬生生地/宅成

---

① 陈泳：《城市空间：形态、类型与意义——苏州古城结构形态演化研究》，东南大学出版社，2006年，第167页。

② 沈伟东：《苏州：改革开放初唯一被列为全面保护的古城》，http://cpc.people.com.cn/GB/85037/85039/7463892.html，访问日期：2022年5月17日。

③ 中共中央文献研究室：《邓小平年谱（1975—1997）》，中央文献出版社，2004年，第887页。

　　一个历史文化名城……

——《恋土之城》

　　我们先梳理一下，什么是国家历史文化名城？

　　中华人民共和国刚成立，文化部就设立了文化事业管理局，负责指导管理全国各地的文物、博物馆等事宜。随后，各地方政府陆续设立专门的文物管理机构。

　　1961年，国务院发布《文物保护暂行条例》，正式规定全国重点文物保护单位和省级、县市级文物保护单位的三级保护管理体制。第一批全国重点文物保护单位公布，共180处。其中，苏州的文物古迹包括：云岩寺塔（即虎丘塔，五代）、保圣寺罗汉塑像（北宋）、文庙内宋代石刻（南宋）、拙政园（明、清）、留园（清）、忠王府（清末）。

　　1981年，国家建委、国家文物局等部门向国务院提交《关于保护我国历史文化名城的请示》报告。实际上是考虑到文物保护亟须从"点"扩展到"面"，以解决城市发展中新的问题。

　　1982年，国务院正式公布第一批国家历史文化名城，包括北京、西安、南京、苏州等24座城市。同年，《中华人民共和国文物保护法》中明确规定：保存文物特别丰富并且具有重大历史价值和革命纪念意义的城市公布为历史文化名城。

　　2008年，国务院颁布《历史文化名城名镇名村保护条例》。

　　现在，城市的"名片"林林总总：最宜居城市、最具投资潜力城市、全国文明城市、全国卫生城市等。随着我国城市化进入成熟期，城市的历史、文化内涵，对于城市发展的意义日益突显。

　　截至目前，我国已经集中公布了三批国家历史文化名城，共140座左右，涵盖范围较广，有直辖市、省会城市、地级市，也有县级市、县城、市辖区。

　　然后，我们再梳理一下，什么是历史文化街区？

　　1986年，在公布第二批国家历史文化名城的文件中，首次提出了"历史文化街区"的概念："对文物古迹比较集中，或能完整地体现出某一历史时期传统风貌和民族地方特色的街区、建筑群、小镇村落等也应予以保护，可根据它们的历史、科学、艺术价值，公布为当地各级历史文化保护区。"

　　2008年，《历史文化名城名镇名村保护条例》对历史文化街区的定义做了进一步提炼和完善："历史文化街区，是指经省、自治区、直辖市人民政府核定公布的保存文物特别丰富、历史建筑集中成片、能够较完整和真实地体现传统格局和历史风貌，并具有一定规模的区域。"

至此，我国的文物保护单位、历史文化街区、历史文化名城形成了"点""片""面"的三层保护体系。

我们从 2017 年修订的条例中，可以了解到历史文化名城的申报需要具备以下条件，其中街区也是必要条件之一：

一、保存文物特别丰富；

二、历史建筑集中成片；

三、保留着传统格局和历史风貌；

四、历史上曾经作为政治、经济、文化、交通中心或军事要地，或发生过重要历史事件，或其传统产业、历史上建设的重大工程对本地区的发展产生过重要影响，或能够集中反映本地区建筑的文化特色、民族特色。

申报历史文化名城的，在所申报的历史文化名城保护范围内还应当有 2 个以上的历史文化街区。

住房和城乡建设部联合国家文物局于国家历史文化名城制度创建 30 周年和 35 周年之际，先后开展了两次名城大检查，2020 年联合开展了国家历史文化名城保护工作调研评估和相关试点工作。未来，将逐步建立历史文化名城保护监管系统，形成动态监管的常态化机制。

在全国的历史文化名城中，苏州有两个特点：

一是全面保护古城风貌的历史文化名城。根据《苏州历史文化名城保护规划（2013—2030）》，规划范围为苏州市区行政辖区范围，包括姑苏区、高新区、工业园区、相城区、吴中区和吴江区，面积约 2 743 平方公里（不包括太湖、阳澄湖等大型湖泊水域面积）。地域空间上分为"历史城区""城区""市区"三个层次。其中，历史城区是"国家历史文化名城保护示范区"，保护结构包括"两环、三线、九片、多点"。

两环：城环、街环。

三线：山塘线、上塘线、城中线。

九片：阊桃片（阊门历史文化街区、桃花坞片区）、拙园片、平江片、怡观

片（怡园历史文化街区、观前片区）、天赐片、盘门片、虎丘片、西留片、寒山片。

多点：城门、代表性园林、标志性古塔、标志性近现代建筑。

二是苏州大市范围的常熟市，1986 年被国务院命名为国家历史文化名城。常熟拥有 1 700 多年建城史，根据《常熟历史文化名城保护规划（2015—2030）》，从物质与非物质文化遗存两个方面，建立了市域历史文化资源、历史城区、历史文化街区和文物古迹四个历史文化保护层次，形成"一主、两副，三区、多点"的空间保护框架。一主，即常熟历史城区，"常熟历史城区"保护范围约 2.4 平方公里，包括 3 个历史文化街区；两副，即沙家浜历史文化名镇和古里历史文化名镇；三区，即南泾堂历史文化街区、西泾岸历史文化街区和琴川河历史文化街区；多点，即多处文物古迹。

…………

二十四府皆旖旎。

1982 年，一个值得古城纪念的年份。

第二节 1986·远山含黛在河西

1

向西

轻松/跨过护城河

发力/越过大运河

撑杆/跳过狮子山高景山大阳山

最西

万顷太湖笑而不语……

—— 《跳远之城》

1986 年，苏州纪念建城 2 500 年。

当时，苏州市区城乡总面积为 119.12 平方公里。其中，城区面积为 34.3 平方公里，郊区 4 个乡面积为 84.82 平方公里，城区与郊区的面积比为 2∶5。[1]

这一年 6 月，国务院批复同意《苏州市城市总体规划》（图 6-2）。批复明确指出：

> 苏州是我国重要的历史文化名城和风景旅游城市。建城已有两千五百年的历史，古城格局基本保存，城内较集中地保存着我国古典园林艺术的精华和大量文物古迹、古建筑。今后的发展建设，要在保护好古城风貌和优秀历史文化遗产的同时，加强旧城基础设施的改造，积极建设新区，发展小城镇，努力把苏州市逐步建成环境优美、具有江南水乡特色的现代化城市。

在古城的规划实施中，特别强调了以下四点。

一是产业：

> 市区要逐步调整经济结构，积极发展为人民生活和旅游事业服务的各种产业，保护和发展具有传统特色的丝绸、刺绣等产品。古城内严禁

---

[1] 苏州市地方志办公室：《苏州市志》电子版，http：//dfzb. suzhou. gov. cn/dfzk/database_ books. aspx？cid=1，访问日期：2022 年 5 月 17 日。

第六章 有机生长，昨日苏州古城的保护

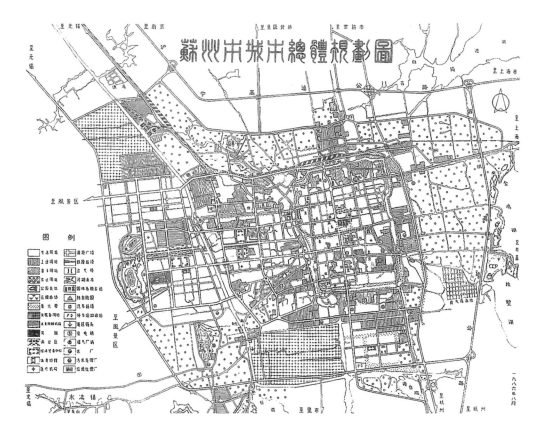

图 6-2　1986 版总规①

再新建或扩建工厂，也不宜新建吸引大量人流的公共建筑。对严重污染环境的工厂，要逐步迁出。

二是风貌：

要全面保护古城风貌，正确处理保护古城与现代化建设的关系。在进行城市的各项建设时，既要运用现代科学技术，又要继承并发扬我国建筑艺术特点，保护好传统的城市格局和水乡风貌。古城内与传统风貌极不协调的建筑物，要根据条件逐步加以妥善处理；对原有的基础设施和居住条件，根据财力的可能，逐步进行必要的改造和改善。新建筑要严格执行建筑高度的控制规定。

---

① 陈泳：《城市空间：形态、类型与意义——苏州古城结构形态演化研究》，东南大学出版社，2006 年，第 168 页。

三是旅游：

积极发展旅游事业，扩大旅游容量。古城区要进一步整修开放一些古典园林和有价值的古建筑。凡占用有恢复价值和开放条件的园林、古建筑的单位，都要积极创造条件逐步迁出。对古典园林，要像对待珍贵文物一样，加强保护，防止破坏。

四是交通：

城市交通规划要充分考虑现代交通的需要，搞好古城外部环路及各工业区之间联系干道的建设，疏解古城区内交通流量。要研究古城旅游交通的合理组织问题，重视停车场的规划与建设。搞好水上交通及水陆联运，发挥河道的水运功能。要考虑大运河改道对市区河道水量的影响，认真研究对策。

同时，对新区提出了明确要求：

新区建设要着重解决科学教育事业、信息交流、金融贸易、商业服务、居住等方面的需要，并可适当发展一些无污染的技术密集型工业。在建设步骤上，先集中力量发展运河以东地区。新区建设要与古城区相协调，注意继承和发扬地方的传统特色，并有所创新。要作好详细规划，做多方案比较。市人民政府在审定古城及新区的详细规划时，要邀请专家广泛讨论，集思广益，慎重定案。

1986版的《苏州市城市总体规划》具有前瞻性，为古城保护工作打下了扎实的基础。

1986版的《苏州市城市总体规划》标志着在全国历史文化名城中，苏州率先以总体规划的形式，提出全面保护古城风貌。

2

"保护古城、发展新区"——1986版《苏州市城市总体规划》的总体思路。

在它的指导下，在古城西侧设立"河西新区"。1992年11月，苏州河西新区被国务院批准为国家高新技术产业开发区。1993年4月2日，苏州河西新区改称苏州新区。高新区的发展，我们在第二章已经做了介绍，这里不再赘述。

在古城内①：

1986 年，苏州成为全国第一个全面保护古城风貌的历史文化名城；《历史文化名城保护规划》确定"一城两线三片"的历史文化名城保护范围，并提出"二个保持、一个保护、二个继承和发扬"总体策略。

1988 年至 1989 年，实施"古宅新居"试点工程。

1991 年，制定古城 54 个街坊控制性详细规划。

1992 年，实施古城街坊"解危安居"工程（街坊改造）。

1992 年年底至 1996 年，提出以"全面保护古城风貌，创造优美舒适环境"为主要思路，针对小区进行改造。桐芳巷小区改造项目于 1996 年 7 月底全面竣工。

20 世纪 90 年代中期，拓宽十全街、凤凰街、道前街。

…………

远山含黛在河西。

1986 版总规，保古城、开新局！

---

① 苏州发布：《输入古城"密码"：1982—2022》，https://www.thepaper.cn/newsDetail_forward_16632886，访问日期：2022 年 5 月 7 日。

第三节　1996·鲲鹏欲飞展双翼

1

美好

常常/如约而来/成双而至

就像那只彩蝶

舒展斑斓的翅膀……

——《展翅之城》

古城的独特魅力，加上苏州团队的专业务实精神，吸引了沿沪宁线一路考察的新加坡代表团。最终，选定了古城东侧的一片土地作为中新合作区。1994年2月经国务院批准，设立苏州工业园区。

一东一西的两片新城，与古城的关系，既有形态的相互联系，又有功能的相互支撑。新城如何通过更好的布局与筹划，与古城形成交融互补的格局，是诸多城市在有机生长、不断更新过程中必须面对的问题。

1996年，《苏州市城市总体规划（1996—2010）》（图6-3）对此做出了务实的回答：

城市性质：苏州市是国家历史文化名城和重要的风景旅游城市，是长江三角洲重要的中心城市之一。

城市总体布局：总体布局分都市圈、中心城（包括吴县市区）、古城三个层次，形成以中心城为主体，周边城镇卫星烘托的形态。

规划期内形成古城居中、东园（工业园区）、西区（苏州新区）、一体两翼、南景（风景区）、北廊（交通走廊）的城市形态。

此时的苏州市，包括苏州市区及张家港、常熟、太仓、昆山、吴县、吴江六市（县）。行政区总面积共8 488.4平方公里。城市规划区指苏州市区的行政范围和苏州市发展需要实行规划控制的区域，面积2 014.7平方公里。

苏州中心城指苏州市规划建成区，包括各规划分区（含吴县市区），面积186.6平方公里。

十年时间，城区扩展超过5倍。

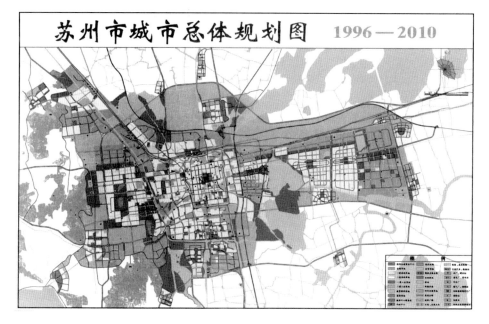

图 6-3　1996 版总规①

2

"东园西区，一体两翼"——1996 版《苏州市城市总体规划》的总体思路。

如果说，1986 版总规是对一个古老小城的保护与产业发展的大胆设想，那么，1996 版总规，已经体现出一个较大城市的自信。

无论城市如何发展，古城保护的理念，早就深入苏州规划者的骨子里：

> 古城内保持传统的"假山假水城中园"和"路河平行双棋盘"格局，古城外在继承传统的基础上创造"真山真水园中城"和"路河相错套棋盘"的格局。

也正是在这一版的总规中，"四角山水"作为规划理念，被创新地提出。在未来城市的发展中，"四角山水"是现代苏州"米"字形城区的基础之一：

> "四角山水"以楔形绿地的形式引入古城四角，与古城环城绿带组成城市绿地的基本骨架。东北角：阳澄湖；东南角：独墅湖；西北角：虎丘至三角咀鱼塘；西南角：上方山、石湖。

古城保护工作，也逐步形成了较为完善的体系：

---

① 苏州市自然资源与规划局：《苏州市城市总体规划（1996—2010）》，批准日期：2000 年 1 月 10 日。

1996 年，《苏州历史文化名城保护规划》划定 4 个历史文化街区、3 个传统风貌地区、若干历史地段。

1998 年，控制性详细规划在内容上突出体现古城保护与更新的双重要求，延续历史的脉络。

1999 年，启动文化设施——苏州市图书馆的建设。

2002 年，开展环古城风貌保护工程；出台《苏州市古建筑保护条例》；实施平江路风貌保护与环境整治先导试验性工程、山塘历史文化保护区保护性修复工程。

2003 年，启动人民路全线改造工程；启动苏州市博物馆建设；出台《苏州市城市规划若干强制性内容的暂行规定》。

2007 年，《苏州历史文化名城保护规划》中，历史文化街区增至 5 个，划定 39 个历史地段；人民路、干将西路部分路段启动沥青改造大修工程。

2010 年，实施改厕工程。

2011 年，开展古建老宅保护修缮工作。开展干将路综合整治工程。制定城市总体规划。

3

在这个保护体系中，《苏州市城市规划若干强制性内容的暂行规定》尤其值得点赞。古城限高规定的严肃性，我们在第三章中做过分析。这里讲一下限高对于保护古城风貌的作用。

唐代白居易在《九日宴集醉题郡楼兼呈周殷二判官》长诗中写道：

水道脉分棹鳞次，里闾棋布城册方。

人烟树色无隙罅，十里一片青茫茫。

郡楼高耸，从上往下看，民居群落的屋顶，呈现出青茫茫的一片。多年来随着经济社会的快速发展，古城保护虽然也有诸多遗憾之处，但总体上说还属完整协调。只要是选个好天气，登上北寺塔，也能感受到白居易当年的视域。

而且，吴地的建筑风貌非常统一：

无论行走在苏州的大街小巷、周边古镇，还是太湖中的小岛，一色的粉墙黛瓦青砖地。粉墙是指雪白的墙壁，黛瓦是指青黑色的瓦。苏州古城建筑的主色

调，便是在青山绿水之间的雪白与青黑。这种风格是由当地工匠，用代代相传的工艺，因地制宜、因人而异，一栋栋房屋、一个个街区，经年累月形成的，也可以称为一种诗意的自然生长。虽然单体建筑细究起来平淡无奇，但只要是广角镜头向后猛地一拉，整体的美感就迸发出来，铺陈开去。

建筑学家汉宝德，有这样一段分析：

> 建筑的环境有时候不是单栋建筑的问题，而是建筑集体呈现的效果。他们不是建筑师，只是一些匠师，使用代代相传的技术，在约定俗成的一些社会规范下，按照各家的财力所建造出来的。这样的环境常常是几百年间陆续累积而成。对于外来的游客，由于很自然地呈现了地方文化的特色，常带来极大的心灵冲击，而被感动。在这方面，绝不是建筑师个人的创造力及其设计的独栋建筑所可企及的。①

建筑的单体设计重要，但更加重要的是，建筑是否能与城市环境相和谐，建筑是否能与当地文化相和谐，建筑是否能与建筑的使用者相和谐。除了江南小镇、安徽宏村之外，类似的例子其实还有很多，例如凤凰、丽江、平遥、苗家古寨、圣托里尼、佛罗伦萨，等等。

在快速城市化进程中，很多城市成为世界建筑大师的盛宴。部分大型公用建筑求新求变、求难求异。我们常常会遇到这样的情况：单体建筑设计在效果图上、在 PPT 汇报中奇异美观；一旦真的建到一个街区中，最终的效果却差强人意。

如今，高楼大厦每座城市都有；而古城的和谐之美，愈加显得珍贵。

4

在时间序列中，苏州博物馆也值得一提。

苏博的设计师是贝聿铭，而他的一小段童年时代就是在狮子林度过的。一个在苏州园林中长大的孩子，能在年迈时设计家乡的博物馆，不难想象他为此倾注的心血与热情。苏州博物馆与他的另一件作品——日本美秀美术馆有些神似，这位建筑师早就收敛了壮年时的锋芒，把建筑与环境的和谐作为重中之重。贝聿铭懂苏州，也尊重这座城市的历史文化，因此他的总体设计思路是两句话："不

---

① 汉宝德：《如何欣赏建筑》，生活·读书·新知三联书店，2013 年，第 140 页。

高、不大、不突出""中而新、苏而新"。

占地 1 万平方米的苏博，结合了苏州园林建筑风格，把博物馆置于院落围合之间，通过粉墙黛瓦的雅致色系，点明了地域文化传承的主题；通过花岗石屋顶、仿木纹的金属隔栅、浅池塘、石板桥、八角亭和片石假山，以现代中式的风格，来演绎传统园林符号。当然，一看到简洁流畅的玻璃钢结构，就知道是地道的"贝氏"风格了。苏博在建筑风格上"和而不同"，与比邻而居的拙政园、忠王府、园林博物馆等建筑群落完美融合。

纽约现代艺术博物馆（MoMA）的设计师谷口吉生有一句经典描述：博物馆就像一只茶杯，它不会炫耀自己，但当你为它注入好茶时，它就会显现出双方的美好。苏州博物馆就是这样一件作品。

当阳光透过屋顶漫射进展厅，一件件文物就灵动起来，仿佛在向你倾诉一桩桩尘封的往事。

…………

鲲鹏欲飞展双翼。

1996 版总规，一双雄健的翅膀，让城市腾飞！

第四节 2011·四向舒展新城起

1

树/岁月枯荣/枝丫蔓生

根/默默地/越扎越深

如同/这座古城

——《有机之城》

1996 年的规划中，古城南、北两个片区，是南景（风景区）、北廊（交通走廊）。

2001 年，吴县市撤市，分别设立吴中、相城两个区。2011 年，这两个新建城区渐成规模。

1996 年到 2011 年，15 年悄然过去，苏州的城市又上了一个大的台阶。全市实现地区生产总值突破 1 万亿元，达到 10 500 亿元。全市实现地方一般预算收入 1 100.9 亿元。

苏州的市区如何进一步发展，古城如何更好地保护与更新，2011 年的城市总体规划（图 6-4）给出了答案。

市域没有变化：包括苏州市区和张家港、常熟、太仓、昆山、吴江 5 个县级市，面积 8 488 平方公里。

规划意义上的中心城区：包括姑苏区、工业园区部分地区（中新合作区、唯亭镇沪宁高速公路以南地区、胜浦镇、娄葑镇东方大道以北地区）、高新区（虎丘区）部分地区（枫桥街道、狮山街道、横塘街道、浒关新区、浒关镇通浒路以南地区）、吴中部分地区（苏苑街道、龙西街道、长桥街道、郭巷街道苏嘉杭高速以西、绕城高速以北地区、越溪街道）、相城区部分地区（相城经济开发区、元和街道、黄桥街道、太平街道太阳路以南、苏嘉杭高速以西地区）。面积为 602 平方公里。

这一版的规划方案中，苏州四向发展的形态充分体现，已经初步形成了一个宏大的"十"字。

加上"四角山水"的"X"形，苏州"米"字形城区逐渐成形！

2012 年，吴中区以南的吴江市并入市区，成为吴江区。整体苏州市区行政管辖的面积达到了 4467.3 平方公里，超过了市域面积的一半。

苏州"米"字形城区中的一"竖"，更加舒展。

在古城的保护方面，2011 版总规与 1986 版、1996 版的总规一脉相承：

一是历史文化名城保护。按照"古城格局与风貌、历史地段、文物古迹"三个层次构建历史文化遗产保护体系。

二是历史城区保护范围。包括一城、两线、三片，即古城，山塘线和上塘线，虎丘片、留园片和寒山寺片，保护面积 22.63 平方公里。

三是保护内容。全面保护古城风貌，保持路河平行的双棋盘古城格局和街道景观；保护"三横三纵加一环"的骨干水系及小桥流水的水巷特色；保护古典园林和具有传统风貌的历史地区；继承古城环境空间处理手法和传统建筑艺术设计手法，保护与控制古城的空间视廊以及独特的天际线；继承发扬优秀的地方文化艺术、传统工艺和民俗精华。

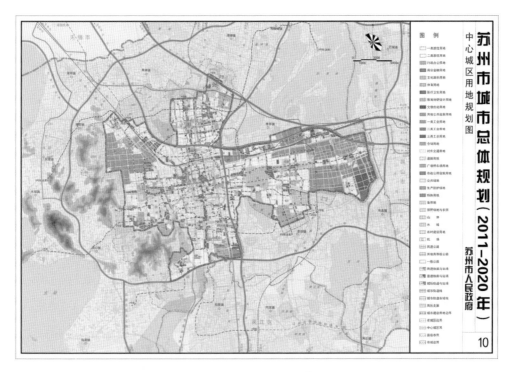

图 6-4 2011 版总规①

① 苏州市自然资源与规划局：《苏州市城市总体规划（2011—2020）》，发布日期：2016 年 8 月 18 日。

2

"古城居中，四向舒展"——2011 版《苏州市城市总体规划》的总体思路。

苏州对古城保护的价值认识、思想内涵、保护对象、保护手法、工作路径、实施保障等均进行了创新性探索：

2012 年，姑苏区成为全国首个历史文化名城保护区；开展"净美街巷"行动；制订《苏州古城区河道水质提升行动计划》，实施"自流活水"工程。

2013 年，《苏州历史文化名城保护规划》划定历史城区范围，提出保护示范区目标，构建保护体系，提出优化人口结构。

2014 年，大运河申遗成功；成立"国家历史文化名城保护研究院"。

2015 年，振兴"苏作"产业；成立古城保护专家咨询委员会；阮仪三城市遗产保护平江路活动基地正式启动。

2016 年，开展古井保护项目；关停重点大气污染企业。

2017 年，启动省保单位胥门古城墙修缮项目。

2018 年，推进苏州环古城河健身步道建设；推进架空线整治和入地三年行动、污水管网建设；出台《苏州国家历史文化名城保护条例》《苏州市古城墙保护条例》《苏州市江南水乡古镇保护办法》；搭建"苏州园林监管信息平台"。

2019 年，建立古城保护和管理大数据中心、全面普查保护对象、试点片区规划师制度；可园修复项目获奖；大数据和电子政务专家咨询委员会成立。

2020 年，开展古城保护信息平台项目；中张家巷河恢复工程完工；打造"姑苏八点半"品牌。

2021 年，完成胥门南段城墙保护性修缮；实施绿化和景观提升三年行动计划。

3

在时间序列中，应特别关注 2012 年的两件大事：

一是住建部批准苏州成为历史文化名城保护示范区。

1982 年以来，全国历史文化名城累计共有 140 个。如何保护、如何发展，是这些城市面临的共性问题。将苏州列为示范区，说明在历史文化保护方面，苏州应该、也能够发挥出示范效应。

二是设立国家历史文化名城保护区。

2012 年 10 月 26 日，经中央编办批复，苏州原平江、沧浪、金阊三城区合并设立姑苏区，成为全国首个、也是目前唯一一个国家历史文化名城保护区。保护区党工委、管委会是江苏省委、省政府的派出机构。

也就是说，为古城的保护，苏州在体制机制方面进行了深层次探索。

明确的责任主体：保护区、姑苏区。

明确的目标任务：为历史文化名城保护做出探索与示范。

1986 版、1996 版、2011 版三版城市总体规划，在引领城市发展的同时，一直重点关注古城保护；而体制机制的变化，更为古城保护、城市发展提供了强大的支撑。

目前，最新版的苏州市国土空间总体规划已经公示。我们不难发现，无论这座城市总体规划如何调整，古城保护的原则、策略、方法，始终贯彻其中。

…………

四向舒展新城起。

2011 版总规，新城四向舒展，"米"字形城区已经形成！

小结　众人之力

第五章，我们描述过古城经历的起起伏伏。以现代的眼光回望，古代苏州城市的格局变化不大。

近40年来，苏州这座古城又一次迎来了发展的黄金机遇期：

改革开放初期，先是抢抓了一波乡镇经济发展的机遇；而后，全力接收上海浦东开发开放的辐射带动效应，外向型经济迅速崛起；近年来，更是以科技创新引领转型升级。地区生产总值从 1980 年的 40 亿元、1990 年的 200 亿元、2000 年的 1 500 亿元、2010 年的 9 000 亿元，至 2021 年的 22 718 亿元。

苏州，又一次成为经济重镇。

同时，苏州主城的格局在更新、在蜕变。

本章引子中，记录了苏州快速城市化进程：40 多年时间，苏州市区的建成区面积增长了 18 倍。在经济社会快速发展、城市不断扩张的同时，苏州始终重视古城保护工作，严格控制建筑高度，最大限度保留空间格局和肌理。因此，古城的整体风貌得到了较好的保护。

1982 年，苏州获批历史文化名城，至今正好 40 年。历届苏州市委、市政府始终高度重视古城保护工作。

2012 年以来，以历史文化名城保护为核心，姑苏区上下一心、积极作为、真抓实干，在诸多领域开展了引领性实践。

2021 年，苏州古城保护提升更是提上新高度。7 月 15 日，苏州召开历史文化名城保护示范区工作领导小组会议。在会议上，时任江苏省委常委、苏州市委书记许昆林指出：

> 把古城保护好、发展好，是一件功在当代、惠及子孙的大事，是市、区两级党委政府的重大责任。明年是苏州国家历史文化名城保护区成立十周年，要切实增强责任感紧迫感，充分吸收借鉴先进地区成功经验，更加科学有效地做好古城保护工作，努力探索新路径、作出新示范。要统筹抓好"1+11"方案推进落实，抓紧组织实施，特别要将重

大项目作为历史文化名城保护提升的重要抓手，全力以赴抓落地、抓推进。①

40 年弹指一挥间。

保护，从未中断；更新，我们继续。

古城

笃笃悠悠

从春秋走来/又走过了多少春秋

看看智能手环

哦/才 2 536 步……

——《散步之城》

---

① 《苏州国家历史文化名城保护示范区工作领导小组会议召开　许昆林李亚平讲话》，《苏州日报》2021年 7 月 16 日。

第七章

琢玉姑苏，今日苏州古城的更新

策略·群贤毕至有新声
机制·躬身敢为探路人
模式·同心共尽绵绵力
实践·久久为功玉满城

引子　2022 年

2022，特殊的年份。

40 年前，1982 年 2 月 8 日，苏州和全国其他 23 个城市一起，获批成为中国历史文化名城。

10 年前，2012 年 10 月 26 日，苏州成为住建部批准的全国唯一一个历史文化名城保护示范区。

2022，肩负着使命。

春秋以降，由于苏州的城址没有变化，这座城市一直在有机更迭，一直在进行着广义的城市更新。

苏州入选全国首批城市更新试点城市，现代意义上的城市更新的号角已经吹响。

如何在这特殊的年份，在这座历史文化名城，特别是在古城内做好保护、更新工作（图 7-1）？

2022 年 2 月 8 日，苏州获批国家历史文化名城 40 周年之际，"苏州国家历史文化名城保护专家咨询会"顺利召开。国内外知名专家学者齐聚一堂，着眼未来 40 年乃至更长时期发展，共商苏州古城保护大计，共议姑苏更新复兴之策。

在这次会议上，江苏省委常委、苏州市委书记曹路宝的一段话，阐释了下一阶段古城保护与更新的总体方略：

> 要始终坚持保护优先。苏州古城是历史留给我们的宝贵财富，承载着苏州历史文脉，也是无法复制、不可再生的文化遗产，是苏州有别于其他地区的独一无二的资源。要以"对历史负责、对人民负责"的态度，切实扛起使命担当，充分利用数字技术创新保护模式，在古城率先推动数字孪生城市建设，继续在历史文化名城保护、古城有机更新和活化利用等方面为全省全国探路，面向世界贡献古城保护的苏州方案、提供展现中国文化自信的苏州样本。
>
> 要始终坚持整体保护。把古城作为一个整体进行系统研究保护，永葆敬畏之心，像对待老人一样对待古城，下足绣花功夫，小心翼翼对

待，从老城建筑，到街巷肌理，到非物质文化遗产，再到原住民生活和方言，要把传统民俗都保护下来。未来的 40 年，我们不仅要保护好面积 19.2 平方公里的古城，还要保护好苏州全市域的江南水乡风貌，用"大苏州"的理念呵护好"水乡基底、四角山水"的山水格局系统，着力抓好太湖生态保护、长江大保护、大运河文化带建设及古镇古村落等与苏州山水资源密切相关的大事要事。

要始终坚持以人为本。深刻认识到古城保护就是保障和改善民生，把"城区即景区，旅游即生活"作为古城保护的重要标准，既尊重"古人"也理解"今人"，让居民从旁观者变成参与者、受益者，让生活和工作在古城的人们得到更大获得感，让游客的脚步和思绪能够停留在古城的常态生活空间中，让更多人因为苏州这个城市的美好而"慢"下来、"停"下来、"留"下来。

要始终坚持系统观念。以更高的站位、更开阔的视野、面向更广泛领域来研究和推进，从经济、文化、社会各角度入手，引导全社会各方面力量共同参与。要坚持绵绵发力、久久为功、慢慢见效，统筹"保护更新老城、开发建设新城、新城反哺老城"，不断理顺体制机制、创新方式方法、强化服务保障，大力发展文化创意产业、旅游产业和总部经济等，唤醒古城活力，始终本着对历史、对人民、对发展高度负责的态度，把祖先留下的宝贵遗产保护好、传承好、利用好。①

---

① 赵焱：《贡献面向未来面向世界的古城保护苏州方案》，《苏州日报》2022 年 2 月 10 日。

苏州古城控制性详细规划

——用地规划图

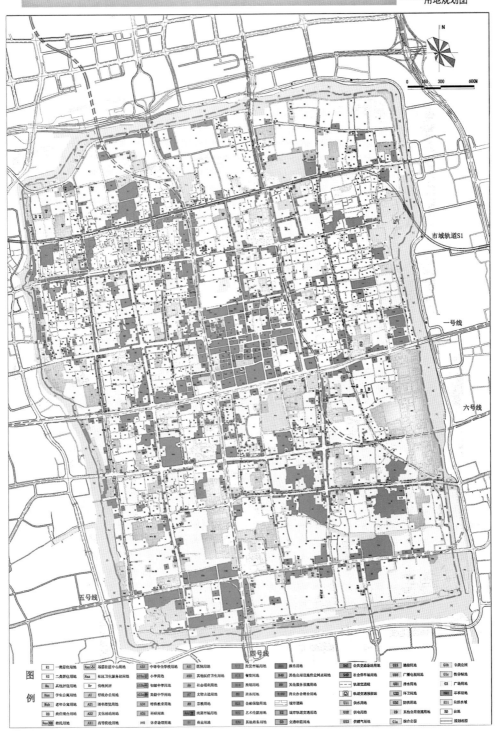

市城轨道S1

一号线

六号线

五号线

四号线

图 7-1　苏州古城控制性详细规划

第七章　琢玉姑苏，今日苏州古城的更新

175

第一节　策略·群贤毕至有新声

2022年2月8日

壬寅虎年正月初八

草木蔓发，

春山可望。

1

策略，新的思路。

2月8日，在苏州国家历史文化名城保护专家咨询会议（图7-2）上，国内外相关领域顶级专家齐聚一堂，结合各自的专业方向和研究课题发表真知灼见，为苏州历史文化名城保护"会诊把脉"，为古城保护更新开启新思路。

图7-2　咨询会议

17位专家学者充分肯定了古城保护40年来的工作，一致认同"古城是苏州的心脏"，明确提出"要将苏州古城保护放在中华文明上下五千年、中华民族伟大复兴进程中定位，贡献面向未来面向世界的古城保护苏州方案"。

篇幅所限，摘录部分专家意见：

加大运河沿岸遗产开发

——阮仪三（同济大学国家历史文化名城研究中心主任，中国历史文化名城保护专家委员会委员，博导、教授）

苏州历史城市保护卓有成效，是全国的佼佼者，应该继续坚持良好运作。苏州较早提出了古城保护规划，在此过程中历届政府都提出并执行了"保护古城、开发新区"的理念。

苏州古城保护更新进入新的发展阶段，苏州园林进一步保护完善，城市绿地明显增加。在传统的历史街区保护过程中，传统居住区得到了很好保护。古城内新建基础设施增加，居民居住环境得到改善。在古城保护过程中，很重要的一点就是保护和改善居住条件，在不违反规划的前提下实现城市发展。

当前，古城改造机制要进一步研究和调整。要设立专项基金，按照保护的要求合理规划使用。目前，古城保护仍要依靠技术手段，要继续提高重视程度，并及时进行相关调整。

苏州有很多重要的、优秀的历史建筑，现在利用得非常好，已经做了长期规划，要继续做好。下一步，苏州要加大大运河沿岸遗产开发，例如水上游，要和周围的湖州、无锡等城市联手，将沿河风光景色这一资源充分利用起来。

把人造环境和山水浪漫融合

——刘太格（新加坡国家艺术理事会主席、新加坡大学建筑系咨询委员会主席）

苏州给我的印象就像一大块很美丽的玉石。建筑、园林、道路综合在一起就是一件艺术品。苏州是美和艺术的象征。苏州市政府关于古城限高的决策非常正确，没有高楼大厦，让人感觉真正回归了历史。

今后的苏州老城保护，一是要注重老建筑的修复，严格采纳国际的修复标准，保留老建筑的原汁原味，尊重国际修复理念，保留"真古董"；二是不增加过境道路，把过境道路放在老城外面，不再继续对老城进行切割，完整保留老城的优美环境；三是老城保护与新城开发密切相关，要加强远期规划，一次性定下整个城市的系统。

　　苏州的城市氛围要大气，要有气派。苏州位于江南水乡城市带内，今后要用心把人造环境和山水再融合得更浪漫一点。今后的新建筑要尽量争取做到既现代，又有中国传统建筑文化的基因，在未来把大规模的新苏州和传统的老苏州融合在一起，把新和旧融合在一起。

在保护的同时创新往前走

——常青（中国科学院院士，美国建筑师学会荣誉会士，同济大学建筑与城市规划学院教授）

　　首先是致敬，向苏州古城保护工作致敬。古城水城甲东方，文人才子甲中国，风土保护甲江南。可以说，苏州是我们建筑学的福地，是培养现代建筑师的摇篮。

　　其次是献疑。风土就是用自己传统的民间方法来建房子、城市、街区、街道等。与西方横向相比，存在时间的阶差，西方大部分保护19世纪的东西，中国要保护几千年以来延续下来的东西；在国内纵向比较，存在保护的级差，中国实行分级保护，包括国家级文物保护单位以及省保、市保、区保和文物保护点等，如何突破阶差和级差造成的矛盾和问题，仍要探索。

　　最后是建言。苏州是中国历史文化名城保护的示范城市，可以代表江南、代表国家再往前走一步，从问题出发，整体关注古城保护，制定总体保护法规，而不是零碎化管理实施。要在古城建成环境当中发现一些具体问题，然后进行整合，从而整体调试苏州古城保护体系。在保护的同时创新往前走，若平衡不好就会造成偏差，关键在于做好调试，在调试当中发现偏差、纠正偏差。

古城复兴要注重"活力"和"人"

——段进（中国科学院院士、全国工程勘察设计大师、东南大学教授）

　　苏州是座有吸引力和探索性的城市。今天，苏州古城主要的矛盾是什么？这是我们未来要探索的一个非常重要的方面。我个人认为，今天苏州的主要矛盾就是在古城保护的前提下如何复兴，关键词就是古城复兴。

　　从整体上来讲，目标和手段都应该随着古城发展的不同阶段发生变化。比如说，我们已经从关注公共空间走到了关注居住空间，只有在整体上明确这个大的目标，才可以做到创新方法、建立制度。

古城复兴，要强调是在保护的前提下复兴，更加强调文化遗产保护，不仅仅是折腾物质的空间。在物质空间提升的情况下，如何使城市恢复活力？这个是我们的目标，要恢复活力，手段一定不仅仅是物质空间的管理。

古城复兴是更加有效和真正的古城保护和文化的传承。如果花了很大的力气保护的只是冷冰冰的城市，是缺少人们向往的城市，这样的城市也是不能够持续和长久的。城市的遗产和博物馆的文物主要的区别就是城市的遗产是活的，人要参与。"活化"就必须有整体的、系统的策划，是一个城市完整的功能提升。与保护和更新相比，复兴不但注重物质，更强调活力，强调其中的人。

与国外名城进行对话互鉴

——贺云翱（南京大学历史系博导、教授，南京大学文化与自然遗产研究所所长，国家文化公园专家咨询委员会委员）

要更多地把苏州放在中国现代化进程中来观照。中国现代化进程中的苏州模式，体现了传统文化和现代化的成功融合。苏州要为中国特色的现代化提供经验和价值，为东西方文明互鉴提供苏州价值。

一是要总结经验，坚持保护第一。苏州人的文化自信、自觉是发自内心的，从古至今苏州人坚守的文化和精神要好好保存下来。

二是要加强专业化和科学化，强化方方面面的基础研究，发挥考古学、历史学、产业形态学、发展动力学等的支撑作用，以更多科学的介入突破瓶颈、解决难题。同时要进行世界古城的比较学研究，不仅要研究中国城市，更要思考如何成为一个世界性的城市，和国外名城进行对话、比较、互鉴。

三是要解决苏州古城的人口、文化、业态问题，加强相关研究，指导未来工作。

四是要讲好苏州文化故事，不仅要用中国的语言，还要用世界的语言来讲，在保存、保护物质空间的同时，把精神内涵和故事讲清楚、讲生动。

五是要继续挖掘优秀文化，把优秀文化融入国家的文化战略中。要

179

在长江国家文化公园的建设中，发挥作为江南文化的经典、长江文化的精华的作用，在海上丝绸之路中贡献更多力量，把苏州的优势贡献给全国，同时苏州也要抓住国家的战略机遇，汇入世界进程。①

2

策略，汇聚各方智慧。

一场研讨会，汇聚了 17 位读懂苏州的专家学者，为古城保护提出真知灼见。由于篇幅所限，这里仅收录 5 位专家的观点。

一场研讨会，毕竟无法把相关各个领域的专家都请来。好在这类研讨会、论证会、评审会，常态化地在这里举行。

从本书第二、第三章，读者已经了解，新城区的发展与古城的保护互相促进、同频共振：

一方面，随着城市化加速，苏州市区范围不断从古城四向拓展，"米"字形新城区逐渐成形。同时新产业持续发力，带动了苏州经济社会的快速发展。

另一方面，苏州古城也因其独特的历史地位和文化价值，一直以来备受国内外方方面面的关心厚爱，古城保护各项工作有序有力开展。

这次咨询会，特别让人感动的是，88 岁高龄的阮仪三先生也来到会场，再次对苏州古城的发展作珠玉之言。在阮仪三先生这样的一批专家亲自见证、亲自参与、亲自指导、亲自推动下，苏州走过了这 40 年的保护之路。

2022 年，不仅是苏州获批国家历史文化名城 40 周年，更是苏州全面推进城市更新的启动之年。从前面多个章节，读者不难理解，苏州古城的保护与更新工作难度高、责任重。

未来，苏州古城的保护与更新工作，持续需要这些高质量建议，持续需要强大的智力支撑，需要规划专家、建筑大师、文化学者、历史学家、文物专家、经济学家、社会学者等多学科、多领域专家进行跨界互动，共同参与保护传承与更新发展工作。

当然，更需要机制上的完善、政策面的保障、实践中的探索。

---

① 胡毓菁、王安琪：《永续传承古城瑰宝　展现江南文化魅力》，《苏州日报》2022 年 2 月 10 日。

第二节　机制·躬身敢为探路人

2022 年 4 月 29 日
壬寅虎年三月廿九

暮春三月，
江南草长。

1

机制，全市之力、姑苏之责。

4 月 29 日，苏州市委常委会专题调研板块工作会议第一站就到了保护区、姑苏区。会议指出：

　　千年文脉看姑苏，姑苏是世人看苏州、读苏州、品苏州的重要窗口（图 7-3）。今年恰逢苏州获批国家历史文化名城 40 周年，也是姑苏区、保护区成立 10 周年，市委常委会专题调研姑苏区，就是要进一步理顺体制机制，站在全局的高度系统谋划、纵深推进苏州历史文化名城保护更新工作。

图 7-3　保护更新

要理清保护区与姑苏区的职能关系，确保古城保护、经济发展和民生工作协调推进。要理清有效市场和有为政府的关系，完善"政府主导、市场运作"的古城保护更新模式。要理清市与区的权责关系，确保姑苏区作为行政区独立高效运转。要牢牢把握系统性、市场化和积极稳妥原则，推动市委常委会会议议定事项落地见效。①

会议上，正式成立苏州国家历史文化名城保护工作领导小组和办公室，由市委、市政府主要领导担任组长，组织架构健全完善，市区两级保护合力不断增强。领导小组办公室设在苏州国家历史文化名城保护区党工委、管委会，有30家成员单位。办公室以"提出议题、制定方案、推进落实"工作模式，每月定期召开会议，根据不同议题召开专题会议，通过扁平化的组织体系，有针对性地研究历史文化名城保护工作中的问题，并提请领导小组暨市委常委会会议讨论，形成左右衔接、上下联动、齐抓共管的良好工作局面。

苏州市委、市政府高度重视，而姑苏区更是责任重大。在第三章，我们通过"轻、重、缓、急"四个方面，对于姑苏区有了初步的了解。作为全国首个国家历史文化名城保护区，姑苏区担负着古城保护的主要责任。4月29日的会议上，姑苏区明确保护区与姑苏区的责任体系：

进一步突出苏州国家历史文化名城保护区的功能定位。按照"大行政区小管委会"的理念，聚焦19.2平方公里的历史城区，进一步强化保护区推动古城保护更新发展的主责主业，坚持科学定位和规划引领，加快实现"一张蓝图绘到底"。

进一步优化姑苏区的管理职能。按照"小政府大社会"的模式，充分调动方方面面资源力量，做好19.2平方公里的历史城区和外围老城、新城的社会治理与民生改善工作。

苏州国家历史文化名城保护工作领导小组办公室常态化运转，建立健全"提出议题、制定方案、推进落实"工作模式，成立3个月时间已召开9次会议，推进88个事项。组建古城保护更新项目服务专班，强化"周例会"对接，会商研究历史城区堵点难点。成立区规划建设工作领导小组，区文物保护管理中心、区城市更新中心暨区土地储备中心正式设立。

---

① 《苏州市委常委会会议暨专题调研姑苏区工作会议召开》，《苏州日报》2022年4月30日。

总之，财政、城建规划、土地收储、综合考核、教育医疗等体制机制进一步理顺，事权职权更加完备，工作重心高度聚焦。

古城保护更新的新局面，已经打开。

2

机制，保护为先。

历史文化名城的保护，始终是苏州城市更新中的应有之义。

这个话题我们在第六章讲得比较透彻了。多年来，苏州先后编制了多轮城市总体规划。历版规划中，古城始终占据核心地位，古城保护与更新始终是苏州城市建设的首要内容。在近 40 年建设发展过程中，苏州的古城保护始终坚持科学编制规划、严格执行规划，形成了对于古城保护比较系统化的保护规划体系。

2022 年 5 月，苏州市出台《关于进一步加强苏州历史文化名城保护工作的指导意见》。在《苏州国家历史文化名城保护条例》和《苏州市古城墙保护条例》等相关法规政策的基础上，为推动苏州历史文化名城保护工作水平持续提升，继续走在全国前列，该指导意见提出了以下总体目标和重点任务。

总体目标：

一、到 2025 年，全面夯实历史文化保护各项基础工作，构建具有苏州特色的保护传承体系，各类历史文化遗产得到系统保护、整体保护、专业保护；历史文化资源实现创造性转化和创新性发展，在有效利用中成为城市特色标识和公众的时代记忆；充分发挥国家历史文化名城保护区制度优势、资源优势，系统建立与古城整体保护相适应的工作机制、政策措施、标准规范和方法路径；历史文化保护工作全面融入城市建设和社会经济发展大局，显著提升城市文化软实力。

二、到 2035 年，面向世界贡献古城保护的苏州方案，成为展现中国文化自信的苏州样本，建设成为具有世界级文化创新力、传播力、影响力的历史文化名城。

重点任务：

一是全面加强历史文化保护。坚持系统保护，覆盖全时空、全要素；坚持整体保护，突出大山水、大文化；坚持专业保护，注重多层次、多维度。

二是彰显历史文化时代价值。全面活化利用文化遗产；全面弘扬优秀历史文化；全面彰显历史文化名城风貌。

三是推动历史文化名城发展。建设人民城市，打造美丽幸福新天堂；提升经济能级，焕发历史文化名城活力；坚定文化自信，构筑"江南文化"高地。

3

机制，加快更新。

在保护中更新，其实也是为了更好地保护。近期，省、市、区都出台了城市更新的指导意见。

从省级层面：

2022年3月，江苏省出台《关于实施城市更新行动的指导意见》（以下简称《意见》），要求聚焦城市建设中的突出问题和短板，加快转变城市开发建设方式，进一步优化存量、提升品质、完善结构，坚持走内涵集约、绿色低碳发展之路，努力创造更加美好的城市人居环境。

《意见》明确，到2025年，城市更新试点工作取得明显成效，打造一批体现江苏特色、代表江苏水平的城市更新试点项目，城市更新政策机制、标准体系、方式方法初步建立。到2035年，具有江苏特色的城市更新体制机制更加完善，美丽宜居城市建设目标全面实现。①

《意见》提出，重点实施"七大工程"：既有建筑安全隐患消除工程、市政基础设施补短板工程、老旧小区宜居改善工程、低效产业用地活力提升工程、历史文化保护传承工程、城市生态空间修复工程和城市数字化智慧化提升工程。

《意见》要求统筹推动老旧小区、棚户区、城中村、危旧房等改造，合理确

---

① 白雪：《我省出台实施城市更新行动指导意见——重点实施"七大工程"》，《新华日报》2022年4月8日。

定改造内容。支持老旧小区"15分钟生活圈"内城镇低效用地再开发整理腾退出的土地，优先用于教育、医疗卫生、托育、养老等设施，打造完整社区。加强闲置低效厂房、仓库等的更新改造，植入文化创意、科技研发、"互联网+"等新业态，实现高效复合利用。鼓励低效商务楼宇、商业商贸综合体、交通综合枢纽周边等的改造，通过嵌入式产业空间、创新空间，塑造综合功能、激发城市活力。活化利用历史建筑、工业遗产等，在保持原有外观风貌、典型构件的基础上，打造"主客共享"的品质场所、文化空间。有序推进受损山体、水体岸线、城市废弃地及污染土地等的生态修复，通过生态治理、景观改造、设施建设等措施，恢复城市自然生态。通过拆违建绿、破硬复绿、见缝插绿等，织补拓展口袋公园、便民绿地，构建完整连贯的绿地系统。推进市政公用设施、公共服务设施、环境基础设施智能化升级和物联网应用。

《意见》还明确负面清单事项，比如，在城市更新中应采用"微改造"方式，不得脱离地方实际，不得搞运动式推进，不得未批先建及违规编制、修改、批准和实施国土空间规划，不得违法违规变相举债，切实防范金融风险，防止城市更新变形走样。

从市级层面：

历史城区的城市更新试点工作坚持市区联动、协同推进，由刚成立的苏州国家历史文化名城保护工作领导小组办公室，以会议形式负责审议区域评估和保护更新实施方案、年度试点项目计划。

政策方面，苏州市一直重视相关工作。2013年就出台了《关于优化配置城镇建设用地加快城市更新改造的实施意见》，2017年通过了《关于促进低效建设用地再开发提升土地综合利用水平的实施意见》。2022年颁布了《苏州市城市更新试点工作实施方案》（试行），按照"深入推进以人为核心的新型城镇化战略，建设人文、宜居、绿色、韧性、智慧城市"的要求，旨在通过2年试点，完成一批彰显"苏州气质"、具有示范效应的城市更新项目，初步形成城市更新体制机制和政策体系，积累一批可复制、可推广的试点经验。其中，明确姑苏区以古城保护更新为导向，在保护的基础上推进古城有机更新，活化历史文化资源，推动"文化+"融合发展。

从保护区层面：

由苏州国家历史文化名城保护区、姑苏区古城保护更新利用领导小组负责统

筹协调推进试点项目。在试点项目审批阶段，试点项目的立项、规划审批、施工、后期监管等由姑苏区负责；市资规部门负责供地及不动产权登记等相关工作。

2022 年，经苏州国家历史文化名城保护工作领导小组办公室审议通过，保护区、姑苏区通过了《苏州历史城区城市更新试点工作实施方案》。进一步落实历史文化名城保护要求，探索传统民居等存量资源更新利用的新路径。重点围绕古城内的两个片区，以区域评估和保护更新实施方案为指导，充分挖掘历史文化特色和价值，促进片区功能提升、宜居环境改善，协调保护与发展的关系，打造高品质保护更新典范片区。按照以点带面原则，两个片区以外的区域，以点状申报方式，选取一批具备条件的传统民居试点项目，不断完善传统民居等存量资源更新利用路径，并为制订片区保护更新实施方案提供基础。

综上所述：

机制完善方面，市区联动、协同推进古城保护与更新工作的机制已经明晰。

政策保障方面，省、市、区一系列保护与更新的最新指导意见密集出台。

实施主体方面，在实际推进中市、区两级参与主体多，大家积极性都很高，也为古城更新做出了自身贡献。但也存在力量较为分散、缺乏统筹推进的问题。

下一步，能否整合相关力量，形成一支古城保护更新的主力军？

第三节　模式·同心共尽绵绵力

2022 年 6 月 18 日
壬寅虎年五月二十

仲夏之日，
万物丰茂。

1

模式，政府主导、市场运作。

2022 年 6 月 18 日，苏州名城保护集团有限公司（以下简称"名城集团"）正式成立。

作为古城保护的国字号和生力军，名城集团将成为古城内保护更新工作的主要平台，目标是发挥国有企业示范引领作用，按照策划、投资、建设、运营一体化的模式，以虎丘综改和桃花坞片区、五卅路（子城）文化片区、32 号街坊改造等重点项目为抓手，着力推进一批影响力大、带动性强的示范项目（图 7-4），将古城独特资源优势转化为产业发展优势。

图 7-4　引领示范

古城，是苏州的古城。

以往，受体制机制等要素制约，成片保护存在"零敲碎打"情况，古城的分散资源未能实现整合效用的最大化。成立名城集团，集聚有效资源开展古城保护更新，就是一种探索：在苏州"四角山水"框架下，秉承历史文化名城保护提升"古今融合、保护利用""统筹推进、全面提升""创新方式、活化传承""因地制宜、特色发展"四大原则，推动历史文化保护与城市更新向纵深发展。

第三章述及，"63号文"严格控制城市更新中的大拆大建，避免地产开发式的城市更新，加上苏州古城内限高及风貌控制，对于古城更新的实施主体要求非常高。地方国有企业与规模化地产企业相比，在纯地产开发类项目的整体管控中，存在一定的差距。但是这类国企早已参与到城市基础设施建设、城市改造项目代建、历史建筑修缮等工作中，具有城市更新类项目的综合竞争优势。如果能够瞄准运营端，全面增强可持续能力，则可以探索出一条全生命周期的城市更新之路。

古城内建筑体量大，涉及方方面面，因此在城市更新的整体推进中，采取的是"政府引导、市场运作、公众参与"模式：强化市场在资源配置中的作用，鼓励社会资金、技术、人才参与古城更新，整合所有居民以及各领域专业力量，探索多元化的保护与发展模式。

其中，名城集团采取的是"政府主导、市场运作"的方式，整合有利于古城保护的资产，探索投融资新模式。其实，就是将名城集团作为古城更新中的主要抓手，重点项目重点推进。

一方面，将盈利模式从地产模式转为长期运营收益，从物业的经营和管理获取收入。另一方面，通过古城的整体运营，推动资产的不断增值。相信名城集团在自身发展壮大的同时，将为苏州古城的未来留下独一无二、规模巨大的优质资产。

名城集团的成立，本身就是一种城市更新操作模式的创新。聚焦19.2平方公里历史城区的优质资产逐步收储归集，公司资产结构进一步调优，项目主体和职责分工更加明确，保护更新力量得到明显加强。

有意思的是，名城集团成立后，正式挂牌于干将路的言子书院。

言子即言偃，字子游，出生在阖闾时期的吴国，现苏州常熟市内。言子是孔子唯一的南方弟子。他"特习于礼，以文学著名"，晚年回到吴地家乡，传播儒家礼乐文化思想，开拓了江南文化全新境界，被后世尊为"南方夫子"。

在"南方夫子"的书院中，思考谋划古城更新之策，真的是再合适不过了。

2

模式，可持续性。

城市更新是个庞大又系统的工程，离不开金融资本的注入。

在进行城市更新时，应该根据各类现有资源，科学排定城市更新的目标、范围、清单、时序，明确资金投入和来源测算、运营管理以及保障措施等。除了公益性项目由财政保障外，经营性项目通过市场化运作。城市更新的每一个具体项目，应该注重前期深度策划，着力增强更新项目运营管理的可持续性。

2022年6月18日，在名城集团挂牌仪式上，名城集团与国家开发银行苏州分行进行战略合作签约，共同探索城市更新资金模式。在市、区大力推动下，国开行结合苏州古城保护更新的特点，兼顾中长期建设需求，与名城集团紧密配合，对古城进行整体谋划，高效务实推进古城保护更新融资项目。目前，各项工作顺利开展，取得阶段性的成效。

2022年三季度，喜讯连连：

依托政策性银行的优势，国开行将提供一揽子解决方案，提供限期长、利率低的贷款，为古城保护更新提供强有力的支持，首期"古城保护更新融资"超过200亿元。"国家基础设施投资建设基金"首笔12亿资金成功获批，用于古城保护更新建设。古城"资源到资产、资产到资本"的良性循环加快实现。

探索古城保护提升新模式，完善投融资体制机制，还需要广泛凝聚社会各方力量，探索引入民间资本和金融资本，鼓励金融机构为历史文化保护提供融资服务，充分发挥市场机制作用。目前，各商业银行都表示将积极参与古城保护更新工作，研究古城保护更新具体项目，细化完善融资合作方案，确保尽快落地实施。在姑苏古城保护与发展基金的基础上，再成立相关专项基金。

金融，为统筹推进古城保护与经济发展提供保障。古城更新工作不仅仅是政府投入、公益行为或者情怀作品，而且应该是整合各方参与者在物业增值、运营收益、孵化新内容、培育新产业、政府增加税收等各个维度，为城市更新的可持续提供保障。相关各方将共同努力，尽快分类建立资金筹措和保障机制，在精心

呵护好古城的遗迹与风貌的同时，把古城独特的资源优势转化为产业发展优势。

水，滋养了古城。

金融活水，正流淌在古城的保护与更新工作中。

3

模式，古城细胞解剖工程。

苏州古城的整体保护，不仅是多年来的坚守，也是历史文化名城保护中的一种模式创新。在新的时期，相关部门正通过一系列基础工作，为古城保护与更新做好底账台账，留存好历史记忆。

一方面结合房屋建筑和市政设施调查、既有建筑安全隐患排查等工作，建立城市更新体检评估制度，开展社会公众意愿调查，聚焦隐患消除、设施提升、住区改善、产城融合、生态修复等领域，系统评估区域发展现状。

另一方面进一步开展考古勘探、资源普查、古籍文史研究等基础调查工作，梳理提炼文化、艺术、科学、历史等方面的保护特色和价值，认定并公布保护对象、保护名录和分布图。结合"数字孪生"城市建设，以古城为先行示范，推进数字化信息采集和测绘建档工作，完善各类保护对象数字化技术标准。

在苏州古城内，一项"古城细胞解剖工程"正在全面展开：

"古城保护信息平台"第一期项目已经上线，实现了对全区各类保护对象分布的可视化。该平台涉及历史文化街区、历史地段、园林、古城墙等 18 类共 4 000 多个保护对象，收录数据 9.7 万多条、图纸 4 000 多张。[①]

目前，古城保护信息平台第二期项目创新实施了"古城细胞解剖工程"，对 7 号街坊、15 号街坊、20 号街坊、32 号街坊 4 个街坊共 102.1 公顷内的传统民居、推荐历史建筑和历史院落进行信息采集，按照价值分类建立档案。这 4 个街坊共筛选出传统民居组群 1 317 处、传统民居单体 3 015 处、推荐历史建筑 50 处、历史院落 40 处。

除了调取各类资料外，一支由园林古建、地理信息、城市规划、文史采集等领域专业人才和古城保护专家、社区志愿者等组成的"古城细胞解剖师"队伍，

---

① 吴湘人：《用好数字技术促进古城保护与更新》，《苏州日报》2022 年 3 月 10 日。

穿梭在大街小巷，逐户对建筑院落形制、建筑样式、房屋结构、建筑构件、建造年代等进行观察判断，采集居民口述资料，为古城传统建筑"画像"。

传统民居、推荐历史建筑、历史院落信息采集工作是对古城结构肌理、文化内涵等的一次深度挖掘，在全国范围内属于首创。信息采集工作以不低于95%入户率的标准开展，最终形成传统民居、推荐历史建筑和历史院落档案，为后期街坊保护更新、人居环境改造提升提供准确依据。

此次信息采集工作按照"边采集、边整理、边审核、边建档"原则开展。项目团队对现场普查数据进行分析汇总，按照传统民居、推荐历史建筑和历史院落划定标准进行成果校核、内审与数据转化，形成档案成果，并同步至古城保护信息平台，实现古城历史遗存展示"一键可达"。

同时，依托大数据、云平台等技术手段，建立既有建筑动态数据系统，为推动城市更新建立科学可靠的数据基础。例如，姑苏区对清代名医叶天士故居进行数字化空间信息采集，通过三维扫描重建一座"数字老宅"。这一做法不仅能够全方位展示文物建筑现状，还可以为后续开展文物建筑保护、修缮提供准确依据。

从单体、街坊不断扩面探索，充分利用数字技术创新保护模式，在古城率先推动数字孪生城市建设。数字技术是加强城市保护与更新的一个新尝试，用数字技术留住苏州古城基因，精准记录、精准复原、永久保存，让古城始终保持原汁原味。同时，市民、游客也可以随着全景数字模型一探苏州古城的奥妙。

只有健全历史文化体检评估和实时监测机制，探索开展古城城市体检工作，根据体检评估发现问题和短板，才能够精准制订城市更新行动计划。

一场特殊的"体检"，正在进行时。

4

模式，加强专业支撑。

城市更新是一项系统工程，涉及土地、规划、建设、园林绿化、消防、不动产、产业、财税、金融等相关领域的政策、法规、技术支撑。古城更新，特别需要相关专业支撑，在强化保护的基础上进行更新。

相关部门正在深化《传统民居修缮技术导则》等配套制度研究，分类探索更新改造技术方法和实施路径，鼓励制定适用于存量更新改造的市政、河道、消防、节能、抗震、建材、工程定额标准等方面的地方技术标准及规范。例如，2022 年 3 月，《苏州历史文化街区（历史地段）保护更新防火技术导则》公示并征求意见。

保护区、姑苏区正在整合相关部门力量，优化城市更新项目审批流程，提高审批效率，破除古宅民居、旧厂房向休闲度假、创新创意、演艺会展、总部经济等服务功能和都市功能转化的制度瓶颈，探索建立城市更新规划、建设、管理、运行、拆除等全生命周期管理制度。

同时，建立健全专家指导委员会制度，对重大议题开展咨询论证和绩效评估。全面实施片区规划师等专家咨询制度，提供专业咨询指导和技术把控；或者全过程参与具体项目方案设计等工作，并监督落实。完善公房使用权回收、文物市区分级分层管理、地下空间利用、慢行交通建设及交通运行管理、非物质文化遗产及优秀传统文化保护利用等政策和长效机制。

…………

综合本章第一、第二节所述，通过机制完善、政策支撑、模式探索，古城的保护与更新已经进入新的阶段。

那么，目前正在开展哪些方面的实践？

第四节　实践·久久为功玉满城

2022 年 10 月 26 日

壬寅虎年十月初二

天高云淡，
叠翠流金。

1

实践，城市更新在苏州。

10 月 26 日，苏州历史文化名城纪念日。

苏州市、苏州历史文化名城保护区在加快古城保护更新方面，做了大量卓有成效的探索与实践（图 7-5）：

图 7-5　探索实践

在苏州入选全国首批城市更新试点的基础上，积极向住建部申报历史文化名城更新专项试点。

深入开展"古城细胞解剖工程"，小规模、渐进式有机更新和微改造，采用

绣花功夫，以街坊为单元，对旧居住区、旧厂区、旧商业区等进行更新。

积极打造 32 号街坊、平江片区重点功能区、五卅路子城片区、过云楼和怡园片区等一批精品项目。

支持名城集团，探索古城内项目统一运营和分批推进模式，消除直管公房等建筑安全隐患，实现存量资产品质提升。成立区城市更新中心暨区土地储备中心。

推进在古城内边角料区域零星小地块的拔稀，多点绿化街景，在古城先通过做"减法"，实现古城价值提升的"加法"。加快征收搬迁进程，探索试行鼓励货币化安置和异地建设定销房等方式，推动相门前后庄、钟楼新村等城中村、老旧小区改造提升任务尽快完成，加快实现古城"旧貌换新颜"。

2022 年的 10 月 26 日，更具有里程碑式的意义。苏州市原平江、沧浪、金阊三城区合并成立苏州国家历史文化名城保护区、姑苏区，实行"区政合一"管理体制，正好 10 周年。

全区上下统筹推进历史文化名城保护、古城有机更新和活化利用等工作，坚持保护优先、以人为本，延续城市历史文脉，提升城市功能品质，让古城焕发更大生机与活力，以高效务实的实际行动、争先进位的工作成绩迎接保护区、姑苏区成立 10 周年。

2

街坊，古城更新的单元。

在苏州的古城保护中，最大的特点是对于古城的整体保护。

在苏州古城的城市更新中，"街区""街坊"是一个有特殊意义的更新单元。例如，来苏州的游客必到的平江历史文化街区，就是一个逐步更新、渐趋完善的大景区与大住区：

东起环城河、西至临顿路、南起干将东路、北至白塔东路，面积约为 116.5 公顷，是苏州古城迄今保存最典型、最完整的历史文化保护街区。坐落着 2 处国家级重点文保单位、18 处省级文保单位、45 处控保建筑，以及散落于其中的众多老建筑，古桥、古井、古树、古牌坊。街区河道总长 3.5 公里，有 13 座古桥，大多数古桥桥龄都超过 800 年。它们是姑苏古城风貌的缩影，是最能体现江南

"小桥流水人家"气质的地方。

目前，针对"街区""街坊"的工作全面推进：5 个历史街区和 54 个街坊控规修编有序开展。保护区将积极开展国家首批城市更新试点工作，制订古城保护更新系列三年行动计划，以街坊为单位滚动打造一批有视觉感、体验度的样板工程。下足"绣花功夫"，深入实施古城细胞解剖工程，统筹推进街区、街坊内的各类保护修缮工作。

在政府指导下，由名城集团具体操作，对部分重点街坊进行全面保护更新。这些单元更新，都坚持成片保护利用工作思路，科学划分片区，将历史文化街区、古建老宅、历史文物、居民生活等整体考虑。突出功能引导，围绕历史空间格局和形态整体保护，高水平推进片区规划，强化项目储备。排出一批关系全局、影响重大、附加值高的片区保护利用工程，适时逐片实施。推进片区功能规划区块化和片区改造开发体系化，探索片区统一规划、统一管理、统一建设、统一运营模式。

例如：

虎丘片区相关更新项目用地面积约 416.3 公顷，可更新地块用地总面积约 231 公顷，控规用地性质为居住及居住配套设施用地、公共管理与公共服务设施用地、商业用地等。这里将完善规划方案，加快项目进度，结合虎丘老街酒店、山塘四期招商工作，努力把虎丘片区打造为苏州历史文化名城保护最精彩地标。

桃花坞片区用地面积约 132.3 公顷，可更新地块用地总面积约 15.4 公顷，控规用地性质为居住及居住配套设施用地、公共管理与公共服务设施用地、商业用地等。该片区将进一步研究片区功能定位，优化产业布局，通过唐寅故居文化区等区域运营，深入挖掘桃花坞文化元素，形成桃花坞文化运营品牌，融合旅游、科技、时尚、消费，打造综合性文化街区。

五卅路子城片区占地面积约 32.3 公顷，是阖闾大城中的子城故址所在地。根据子城及周边区域肌理多样的特点，保护更新规划在空间结构层面形成"两径一放射，连片多节点"的子城特色空间结构。按照"精改善、环境提升、微更新、保留"四种模式推进更新，明确实施时序与项目库，建立片区更新图则引导，紧盯重要节点，保质保量推进。

古城 32 号街坊位于苏州横向中轴线上的重要节点，是传统文化与现代文化的碰撞之地，总面积约 23.24 公顷。区域内历史遗存类型丰富，风貌特征及文化

价值明显，现存省文保单位 2 处、市文保单位 5 处、市控保建筑 7 处。通过功能、景观、人群等多角度，带动整个街坊开展微更新，打造苏式生活体验区、市井荣华惬意街、道前文化慢品坊，营造具有姑苏特色、融合共生的"新苏式院落"和"姑苏和院"。

环苏州大学文创生态圈北至三新路、干将东路，南至十全街—葑门路，西至凤凰街，东至东环路，总面积约 266.75 公顷，坐拥相门、葑门等苏州古城重要的展示窗口，也是苏州东西向轴线的重要连接点。片区范围内含官太尉河—天赐庄历史文化街区核心保护区，官太尉河、十全河、护城河、葑门塘古城内外多水交汇，校内、校外建筑肌理类型丰富、疏密有致，历史文化建筑资源丰富。相关规划论证工作正在加快开展。

……………

近年来，苏州市保护区、姑苏区高标准推进整体保护，聚焦片区资源禀赋，加强文化遗存保护利用，以片区自身功能定位与发展方式为抓手"量体裁衣"，从单个项目更新向片区整体功能塑造转变，从单一城市建设向建设与发展治理相结合的多元更新转变，探索城市更新多元路径。

3

产业，更新的动能。

第三章我们阐述过：为了全面保护，2003 年古城全面实行"退二进三"政策。随着工业转移、企业外迁、人口流出，且土地空间资源缺乏，直接导致苏州古城，乃至姑苏区这一行政区呈现空心化状态，自我造血能力较弱。

以问题为导向，适合古城的产业发展势在必行。

一是在古城内大力发展都市经济，用好毕马威产业焕新计划，布局数字创意、高技术服务等创新产业。依托苏州大学本部优美校区资源，全力打造环苏州大学文创生态圈。同时，鼓励引入社会力量参与历史街区改造提升，激活旧厂房、老公房、低效土地等"沉睡资产"，优化传统商圈业态和商业功能品质，加速文创发展，真正做强"江南文化"核心。

7 月，一个小小的"校园里"艺术园区开园。

这里是古城的金狮河沿，原来是一个职业学校校区，建筑面积 1.7 万平方米，共有 12 栋建筑。姑苏区区属国企发展集团对其进行整体改造，"校园北里"注重文创设计策划类企业办公集聚，"校园南里"突出时尚生活美学概念，集中引进艺术、影像、音乐、设计等跨界融合的新兴业态及国内首店。同步举办各类艺术节、艺术展、艺术讲座，成为古城内一个吸引年轻人的艺术社区。

二是坚持"城区即景区、旅游即生活"，充分挖掘古城文化资源，全力做优文商旅中心。旅游相关产业是古城的传统优势。鼓励古城深度发展文化旅游，积极完善旅游留宿体系，做强古城"慢"特质和"精"优势，促进古城人气商气集聚。按照旅游景区的标准和要求，将"吃住行游购娱"旅游六要素充分融入景观营造、休闲节点、标识系统、交通组织、旅游线路等，打造干净整洁、亮丽宜居、生态文明的古城。

8月，《浮生六记》进驻山塘街。

在第三章中，我们介绍过昆曲《浮生六记》园林版。这是一场在沧浪亭内的沉浸式演出，由姑苏区国企建设集团与 Tean X 萧聚场合作，是"非遗"活化的样本。8月，浮生集山塘街首店签约。项目位于繁华的山塘街，将探索无限定体验空间"非遗"进景区的模式，突破时间、空间、形式的限制，在吃、住、行、游、购、娱各环节，开展形式多样的展陈、展示、展演、体验，全方位在景区植入"非遗"项目。

三是坚持"使用是最好的保护"，完善古建老宅活化利用白皮书和蓝皮书，充分发挥各类活动效应，唤醒更多"沉睡资源"。古建老宅是古城独特的资源，姑苏区坚持活化利用、动态保护。通过名人故居、古建老宅、老字号商铺等空间载体，推动"非遗"文化利用开发，实施生产性保护和"活态"保护。全力招引龙头型、税源型高端项目，培育发展总部经济。越来越多的古建老宅正以展示馆、总部经济等面貌获得"新生"。目前，修缮完毕的古建老宅都引入了适合的项目（图7-6）。

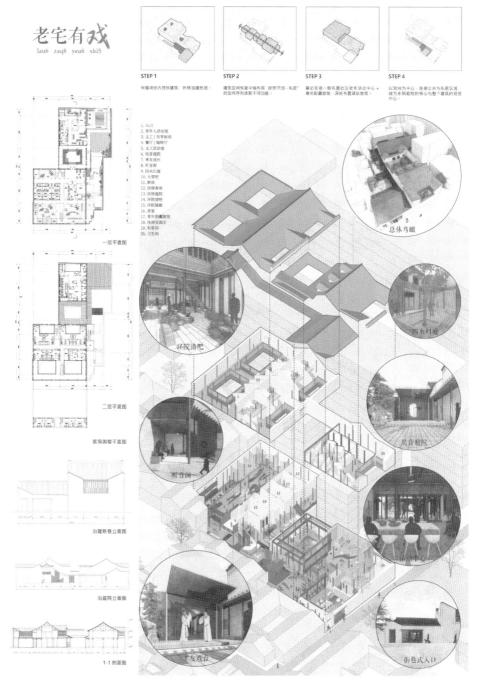

图 7-6　古建老宅活化利用①

_____

① 苏州市自然资源与规划局:《苏州市国土空间总体规划（2021—2035 年）》（公示版），发布日期:
2021 年 9 月 2 日。

例如：

菉葭巷潘宅，潘祖荫夫人汪氏旧居。以潘宅及其相邻的悬桥巷资产为载体，与姑苏·金城颐和精品酒店签约。该项目是南京市国企、苏州张家港国企与姑苏区国企的首次合作，也是三地国企主动融入全省"一盘棋"、强力推进市域一体化的新探索，有利于集聚众力，打响江南文化品牌，推进古建老宅活化利用。

瓣莲巷曹沧州祠，建于清末民初。曹沧州是吴门医派创始人。姑苏区对这座古建进行保护修缮，并根据其历史文化属性招引本土中医药企业入驻。经过前期洽谈和比选，中华老字号雷允上与老宅"牵手成功"。雷允上进驻后，深挖其历史文化内涵，重现中医前店后坊传统格局，并增设"非遗"体验项目、制药技艺传承基地，让闲置老宅变身兼具展览展示、文化传承、人才培养等功能的全新空间。

中张家巷 29 号古建，位于平江历史街区。在这个 267 平方米的小小宅院，匠人们利用墙柱分离的原理，通过工具拉结重要结点，对倾斜的木屋架进行了纠偏。为了让古建更宜居，局部屋面增加了轻质保温层，地面布置了地暖，采用了中央空调、新风系统。新中式的装修风格也很符合现代人的审美。修缮完成后公开拍卖，已经吸纳一家亿元税源企业出资购买。既保护修缮了古建老宅，还引入了税源企业，回笼的资金继续投入其他更新项目。

同时，在古城外，布局更多产业用地：

2022 年 6 月 9 日，古城外的西北方向，由苏州新建元控股集团联合深圳市创业投资集团、苏州市轨道交通公司、姑苏区区属国企建设集团等多家单位组建的基金，成功竞得位于虎池路以南、朱家湾以西的 M0 用地，总用地面积约 3 万平方米，总建筑面积约 12 万平方米。M0 用地指融合研发、创意、设计等新兴产业功能及配套的服务用地。用地容积率比传统用地高，可以大大提高单位面积的土地利用效率。对于寸土寸金的姑苏区来说，可谓量身定制。2022 年，这里还将有多块 M0 用地挂牌出让。总规划用地 495 亩的姑苏云谷及周边区域，将打造成为数字经济产业集聚区。

2022 年，在古城西南的 20 万方科创产业载体，在古城东南的 500 亩高技术服务园区，初步方案也已经跃然纸上。这两块载体将由高新区、园区的两家国企参与开发，充分体现市域一体化的发展态势。姑苏区内多家拟上市公司意向入驻。

　　发展是硬道理，这些产业园的兴起，将支撑姑苏区这一行政区的发展与民生。同时，以产业与税收增强自我造血能力，反哺古城保护与更新工作。

　　策略、机制、模式、实践……

　　在古城保护与更新方面，更多的探索与努力，正在进行时！

小结　更新之时

2022，一个充满期待的年份，在这一个充满期待的古城。

苏州历史文化名城的保护工作，其实是个全域的概念：从古城，已经延伸至"四角山水"自然系统，已经延伸至市域范围内的各个古镇、古村，已经延伸至太湖、长江苏州段、运河苏州段……

篇幅所限。本书还是聚焦名城保护的"C"位大咖——苏州古城。

在苏州国家历史文化名城保护专家咨询会上，苏州市委常委、保护区党工委书记、姑苏区委书记方文浜的一段话，让我们对于古城更新的未来充满期待：

> 我们一届任期的 5 年只是苏州古城 2 500 年的千分之二，通过一张蓝图绘到底、一茬接着一茬干，以珍爱之心、尊崇之心、敬畏之心善待历史遗存，延续城市文脉，贯通历史现在未来，让现代文明与历史传统相得益彰，让千年古城焕发新的青春，让苏州古城成为一个健康活力的老人。

> 未来的苏州古城，会成为世界一流的历史文化名城，会成为"江南文化"的强大内核，会成为"诗与当下"兼具的人间天堂。人文荟萃的古城会以"一河一巷尽入画，一街一坊皆盛景"的美丽形象，记载着人们的城市记忆，成为人们的精神家园，让人们能够自由追求和实现对美好的所有想象。同时又充满人间烟火气息，让体验"食四时之鲜、居园林之秀、听昆曲之雅、用苏工之美"的苏式生活典范成为现实，真正打造"居者自豪、来者依恋、闻者向往"的魅力名城。

> 下一个 10 年或者 40 年，苏州古城到底会是什么样？这取决于我们的愿景多美好、担当多果敢、行动多务实，也希望在座各位专家和我们一起，共同解答这一历史之问、时代之问！

第八章

云卷云舒，明日保护更新的典范

唐寅·桃花依旧解元郎

老鹤·园林居家春日长

小翔·指尖万象思泉涌

我们·姑苏更新有华章

引子　2035 年

古城保护：

苏州在快速城镇化的进程中，始终坚持古城整体保护，前瞻性地闯出了
"保护古城、发展新区"新路，比较完好地保护了古城风貌色彩，比较完善地传
承了从公元前 514 年至今，共 2 536 年的历史记忆与文化遗存。

城市更新：

在市区快速发展中，根据第七次全国人口普查，苏州常住人口城镇化率为
81.72%，已经进入存量时代。古城与新建城区相比，面临产业空心化、人口老
龄化、老旧住宅多等诸多挑战，更加需要城市更新这把解题的钥匙。

2 536 与 81.72%，是"古城之问"中的核心数字。

保护传承与更新发展，是"古城之问"中的主要命题。

2022 年，苏州正在以创新与实践，做出"苏州之答"。在这样一个古城中，
需要加倍努力，方可探索出一条可行路径。而这一路径，对全国 140 个历史文化
名城的保护工作，必然具有可借鉴、可复制的重要意义。

那么，我们的愿景是什么呢？

人文荟萃、历久弥新的苏州古城将最大限度地发挥"江南文化"的示范引
领作用，成为向全世界展现中国文化自信的"最美窗口"。

古今辉映、享誉中外的苏州古城将带来"城区即景区、旅游即生活"的独
特理念，成为"一河一巷尽入画，一街一坊皆盛景"的"世界之城"。

厚重文化、特色肌理的苏州古城将苏式生活完美呈现，成为"食四时之鲜、
居园林之秀、听昆曲之雅、用苏工之美"的"人间天堂"。

如果说这些愿景不够具象，那么，请读者朋友一起放飞想象。

我们来到 2035 年，代入三个人的视角，看看未来的古城生活（图 8-1）。他
们分别是：

小翔，现在正在读大学，2035 年经营着一家数字文化公司。

老鹤，现在古城工作，2035 年退休后在古城生活。

还记得第一章吗？我们行走古城的第一站就是桃花坞的桃花树下。我们的未
来之旅，怎么能少了唐寅？

图 8-1　烟雨姑苏城①

① 姑苏区政府：《姑苏区分区规划暨城市更新规划（2020—2035）》，2021 年。

第一节　唐寅·桃花依旧解元郎

1

唐寅，万树桃花月满天。

唐寅，字伯虎，明朝著名画家、书法家、诗人。公元 1470 年在苏州出生，1505 年构筑"桃花庵"。他就得辛苦些，跨过 500 多年的时空，回到桃花坞，来到他当年栽下的那株桃花树下……

当唐寅来到桃花坞历史文化街区，漫步在桃花树下、双荷池边，这街、这河、这宅、这景，竟然与当年并没有太大区别，粉墙黛瓦依然，小桥流水依旧。他的眼睛，有些湿润。

走进桃花坞历史文化片区，这里以桃花坞大街为核心，西、北至护城河，东至人民路，南到东中市与景德路，总占地面积 1.84 平方公里。桃花坞中，不仅唐寅故居得到恢复，各类文物和历史建筑得到保护，一批老宅也通过修补得以延续使用。传统民居的院落肌理和空间布局模式，也与唐寅当年别无二致。

看到周边环境如此熟悉，唐寅不但心理没受到啥冲击，反而心情愉悦，催着我们多带他走一走，看一看。

处久了，我们便以"老唐"相称了："老唐，你尽管放心！即使再过 500 年，无论城市如何更新，苏州'一城、两线、三片'的历史城区内，仍将整体保持着'水陆并行双棋盘'的古城空间格局，以及'三横四直环连扣'的历史水系格局。"

我们和老唐一起登上桃花坞文星阁，眺望古城外的新城区，那里高楼林立；而古城内，由于分区分级严格控制历史城区建筑高度，由北寺塔、城门城墙、民居街坊建筑群构成的古城天际线，维护着传统街巷、水巷空间形态与尺度，维持着当年的风貌（图 8-2）。

古城内，除了他的老家桃花坞片区外，平江、拙政园、怡园、阊门、山塘等历史文化街区，虎丘、子城、天赐庄、32 号街坊等片区，都已经通过持续的城市更新，得到了更好的保护。这些物质的遗产，也为非物质遗产的保护与传承提供了载体与保障。

图 8-2 桃花坞里人

一路走来，我们一起漫步古城的街道、小桥、河岸、园林、老宅；更看到了他熟悉的苏绣、苏扇、苏灯、苏工家具……

2

文化，城市的魅力。

我们与老唐一起，在苏州古城的街巷中行走。

2035 年的古城，昆曲《浮生六记》又出了新的版本：团队在最早的沧浪亭"园林版"基础上，先后创作出步入寻常人家的"厅堂版"、山塘景区内的固定驻场演出"剧场版"、为国际演出特别修改的"国际版"、元宇宙中的"数字版"，等等。不仅是演出，相关衍生产品也早已走出国门，成为体现苏州文化的一张亮丽名片。

2035 年的古城，文化传承的理念已经深深刻印在了人们心中。市民自觉不自觉地，在为文化传承做出自己的贡献：有在博物馆志愿讲解的大学生，有在小学义务教吴地方言的老苏州，有业余时间长期考证古城历史的职员，有将"非遗"元素融入现代产品的新锐设计师，有用无人机记录园林四季风情的视频博主，等等。

2035 年的古城，"江南文化""苏式生活"的影响力已经走向了世界。自 2014 年苏州成功加入联合国教科文组织创意城市网络，成为"手工艺与民间艺术之都"以来，一批传统工艺在传承基础上得到大力创新，例如缂丝、刺绣、玉雕等传统文化资源，已经融入现代、国际元素，打造成为具有姑苏特色的苏作苏工品牌。一批全新的"苏意""苏样""苏作""苏式"品牌，走向了世界。

3

古城，江南文化的核心。

2035 年的苏州古城，是示范引领的"江南文化"核心。

历经两千多年风雨，城址从未改变的古城，始终是江南文化发展、传播、延续的重要载体，是中华文明上下五千年中一个独具特色的存在。

2035 年的苏州古城，也是向世界展示中国文化的一个重要载体。

人文荟萃、历久弥新的苏州古城，将最大限度地发挥"江南文化"的示范引领作用，推动传统文化创造性转化、创新性发展，真正实现以文铸魂、以文化人、以文兴业。守正、创新，向世界展现中国的文化自信。

我们与老唐一起，看了古城保护，看了文化传承，是时候陪着他喝一点米酒了。我们告诉他：苏州古城内，一直坚持限高等要素，整体风貌保持完好。自 2022 年起，古城内的新建筑不仅继续严格限高，建筑体量、宽度都得到严格控制。2035 年的苏州古城里，不仅对新建建筑加以控制，还通过城市更新，改造或拆除了一批影响城市景观、古城肌理的既有建筑。

老唐一杯下肚，话就多了起来。他以画家的审美意趣，开始了"脑风暴"：

苏州古城内，分区分类限高做得非常到位。但是今天行走古城，不难发现有些建筑虽然符合限高标准，但放在街坊中整体来看，还是过高，或者体量过大。因此，能否出台相关扶持政策，探索在统一规划指导下，鼓励业主降低建筑物高度。让苏州成为全国第一个降高的古城，无论是从行人视角，还是鸟瞰，都有和谐的美感。

既已走进未来，何妨尽情畅想？

……………………

我们又聊起今天行走的环古城步道：环古城健身步道是 2015 年市政府实事工程，步道位于城墙与护城河之间，全程 15.5 公里，有机串联起古城水系与城墙体系。2022 年，统一管理后的健身步道，在景区化、系统化、精细化上不断提升。2035 年，我们眼前的步道是这样的：

环古城步道不仅保持市民沿河漫步、游客驻足观光的功能，还增加了慢跑的柔性步道，一个个矫健身影从我们眼前一晃而过；

步道边的护城河中，大型游船在河道游弋，为游客、市民提供公共服务；同时由于信息化技术的迭代提升，加上水面全自动救援体系完善，河道中各种皮划艇、立桨划板、小型帆船星星点点，成为水城市民最喜爱的健身项目；

古城内，全面公交化与全城限行，车行道缩小，大幅路面成了健身步道与跑道，绿量也大大增加，与环古城步道串联。无论是漫步还是奔跑，都更加舒适自由。

老唐猛地喝完第二杯酒，赶忙补充道："漫步古城、奔跑古城，还缺个泛舟古城啊！"

老唐说得在理！"市河到处堪摇橹，街巷通宵不绝人"，跳跃的波光是古城的灵动之源。双棋盘城市形态中的河道纵横，住宅布局前巷后河，是这座东方水城的规划特色；水上商业、水边社交曾经是古城生活的特点。虽然现在护城河环通，还能顺利通达"四角山水"的各个湖泊，但是城内只有少量河道可以行船。

能否花大力气，在古城内重新恢复几条河道，同时拓宽若干现有河道，形成一个内环，并与外环护城河相连，形成内外通达的水上路网。结合水系的恢复拓宽，对周边地块进行城市更新，进一步还原苏州水城风貌。除了让游客能够在水上从沧浪亭舟行至平江路，从剪金桥抵达山塘渡……还能让人回想起古时在河边一边淘米洗衣、一边家常里短，前门小巷人员往来、后门水巷买菜买米的水城生活场景，恢复"枕河人家"与水的密切关系。

既已走进未来，何妨继续尽情畅想？

……………………

米酒三杯后，就改称他更加亲切的"伯虎兄"了。

我们一起吟唱起他那首《阊门即事》：

世间乐土是吴中，中有阊门更擅雄。

翠袖三千楼上下，黄金百万水西东。

第二节　老鹤·园林居家春日长

老鹤，古城更新的参与者。

2035 年的一个温暖的上午，我们带着伯虎兄，在古城内继续兜兜转转。行至一条窄巷中，正巧院门半掩，看到一位老者在小院中浇花。我们便打声招呼，介绍这位唐先生是离家多年的游子，能否与老者聊聊这个片区的生活。

老者说今年刚退休，闲来读书写字莳花弄草。他放下喷壶把我们拉入小院，从旁边拖过来几把藤椅，沏了壶茶，与我们聊了起来。

原来他出生在沧浪亭边，那时古城几乎就是苏州市区的全部。后来一直在苏州生活，工作也在新城、古城间兜兜转转，亲历了苏州快速城市化的进程，因此他说起城市发展的点点滴滴，如数家珍。

我们和伯虎兄听得来劲，这不是和古城有缘吗？怪不得退休也在这里生活。根据江苏省统计局发布的数据，2020 年苏州市人口平均预期寿命已达 80.29 岁。2035 年，估计得超过 90 了吧？60 岁"中年人"老鹤，在古城的生活如何呢？

他给我们杯中加了点儿茶，将古城的居家生活，娓娓道来……

经过多年的城市微更新，他居住的这个街坊已经改变了陈旧的面貌：

有些老邻居选择货币安置，去购买各个新建城区内的商品房。2035 的苏州，其实已经市域一体化，市区的各个区域医疗、教育、配套更加均衡。因此，有的老邻居选择与子女住得近些，有的选择在城郊山麓、湖边购房，选择面非常宽。

有些老邻居割舍不了多年的感情，选择留下来，参与政府统一规划下的自主修缮。一幢幢老宅不仅外观焕新，内部也增加了各种设施，与现代生活完全接轨。因此，不仅很多老邻居没有搬走，更多年青一代开始回到古城生活。

也有新邻居迁入。街坊中部分空间腾挪出来后，巷子中很多老宅恢复了以往的院落形态：

例如这一处原来是控制性保护建筑，直到 2022 年，这里因为是直管公房，还是住着几十家房客，有的租户空间不足 20 平米。不仅居住条件逼仄，更不利于历史建筑的保护。经过几年的收储与更新，并且通过全球竞标，一个知名的策展团队将这里打造成了一个小型现代艺术博物馆。你看，一大早就有各国游客来

参观。

例如那一处三路五进的大宅子，原来也是"七十二家房客"的大杂院。经过名城集团的收储、修缮和全球推广，几年前的带税收贡献条件拍卖，最终被一位知名企业家购得。老宅，恢复了建造之初的居住功能；拍卖资金，被名城集团投入新的城市更新项目中；带来的税收贡献，被用于整个街坊基础设施、便民设施的进一步提升。

老鹤指着巷子头上的一处小游园，那里原来是一幢 20 世纪 80 年代街道企业的厂房。通过建筑整体拆除、"拔稀"，空间腾挪出来，打造成了一片小小的"街坊会客厅"。傍晚，大人都聚在这里，扯扯时事，看着小孩子跑来跑去。

又指着巷子另一头的桂花树，大树右边就是"街坊市集 2035 版"，虽然全自动配送已经渐趋普及，但居民们还是愿意去那里逛逛。街坊市集中，不仅有"不时不食"的四季食材，也有苏式小吃、各地美味，还有一些文创产品、生活小件，满满的市井烟火气。

我们笑着说："是啊是啊，这一片城区，上世纪末还有'笃笃笃买糖粥''削刀磨剪刀'之类的穿街走巷的货郎叫卖声，老婆婆带着小孙儿吃上碗挑担进巷子的小馄饨、甜酒酿；十来年前，满大街穿梭的是黄蓝快递小哥，还能打个电话，或是说上句话；如今，都是无人机、机器人点对点送货了……的确需要游园、市集之类的市民交流空间。"

聊着投缘，不知不觉间，已经到了中午。老鹤拉着我们去社区吃饭，拗不过他的热情，我们一起走过巷子，来到社区服务中心。这时，很多居民已经来到了社区食堂，这里与酒店餐厅的环境相比一点儿也不逊色。

我们学着在曲面电子屏上点菜，参考跳出来的"不时不食"苏式推荐菜，抽空和伯虎兄解释了一下红字标出的卡路里即时统计，就等着后厨餐饮机器人炒菜和送餐机器人服务了。而老鹤是常客，这里又和社区卫生系统互联，通过最简单的大数据分析，慢性疾病忌口等一系列排除条件在点餐时自动加上了。他笑道："没办法，是科技不让我吃这些啊。"

作为主要为社区老人、小孩提供"幸福助餐工程"服务的窗口，整个古城，已经形成中央厨房—街坊—社区配送体系，加上全自动厨房和服务，价格只比自己"买汰烧"略微高一点。2035 年，数字货币早已经普及，这类经双方认可的小额支付场景，进行多重生物标识认证后直接划转，对老人、小孩来说既安全又方便。对行动不便的人群、独居高龄老人等，有社区工作人员的暖心慰问，有政府补助的第三方上门服务，有无人机的定点送餐……

吃过饭，我们上到二楼看看。这里是社区医疗服务中心，不仅有全科医生驻点，还有日间照料中心和托老病床。在 2035 年，医疗辅助机器人已经非常普遍。抚幼、家政，甚至心理疏导，在这里也能找到对应服务。

2035 年的古城，每一个基层社区，都是苏式精致生活的样板区。

2

城市，为了人民。

老鹤带着我们，在苏州古城的街巷中行走。

2035 年的古城，苏州中学正在世界范围内庆祝千年校庆。自公元 1035 年范仲淹在今天苏州中学校址上创办苏州府学，首开东南兴学之风以来，薪火相传、桃李芬芳。向东看去，以苏州大学本部优美校区为核心，官太尉河—天赐庄历史文化街区为外沿，已经形成了一个充满青春活力的"环苏州大学文创生态圈"。

2035 年的古城，老牌三甲医院积极吸引高端人才，并加强与大学的科研联动，打造"一流技术、一流服务、一流学科"的现代化医院。通过优质医疗资源下沉，基层医疗机构已经转变为贴近市民的健康服务中心。一个"高端接国际，基层接地气"的分级诊疗模式为市民提供优质医疗服务。

2035 年的古城，市属国企康养集团通过十余年的规模化、连锁化发展，积极发挥龙头企业作用，参与古城养老事业。全社会一起弘扬敬老、养老、助老的风尚。一个以居家为基础、社区为依托、机构为支撑、医养相结合的养老服务格局已经形成。

3

古城，苏式生活典范。

2035 年的苏州古城，是世人认同的苏式生活典范。

苏州古城的厚重文化、特色肌理只有和人间烟火气有机结合，才能让城市留下记忆，让人们记住乡愁。

未来，来者依恋、居者自豪的苏州古城将生动呈现"幼有所育、学有所教、劳有所得、病有所医、老有所养、住有所居、弱有所扶"的共同富裕最美图景，让"食四时之鲜、居园林之秀、听昆曲之雅、用苏工之美"成为苏式生活最佳典范。

…………

我们和老鹤行走了一大圈，回到了他的小院中，重新泡了一壶茶，继续聊起来。

2035 年，随着车联网、车路协同、自动驾驶技术的发展，地面公交也逐步实现无人化、小型化。也就是说，古城区，地下轨道交通四通八达，地面如果需要用车，可以随时调用无人驾驶的小型车辆。2035 年，在公安、医疗、消防领域，飞行汽车已经在进行试运营的论证工作。

老鹤以一个土著的观察，也开始了"脑风暴"：

在多年持续投入地下交通、地面智慧化的基础上，苏州能否在全国率先成为古城区全面限行的城市？

在 14.2 平方公里的古城区内，除无人驾驶车辆、应急保障车辆外，全面推行地面限流。苏州古城地面由护城河包裹，共有 15 座大小桥梁进出古城，出入管控其实非常便捷。这样一来，古城内车行道与人行道的配比发生逆转，车行道适当缩小，步道、跑步道适度增宽，一个大景区、大博物馆的游赏动线就被勾勒出来。

古城外，设 P+R 换乘中心；古城内，加强轨交站点及周边地下空间的通达性。通过古城内的地下交通与地下空间，通过地面无人化、小型化交通系统，通过恢复城内部分河道的水上交通功能，在苏州古城全面推行"公交+慢行"，恢复静谧水城的独特风采（图 8-3）。

既已走进未来，何妨尽情畅想？

…………

图 8-3　人家尽枕河

在茶气氤氲中，传来华为小艺 2035 版语音助手的提醒声。原来是老鹤去开放大学的时间了。今天他有一门苏州园林的课程要讲授，还有一门最新编程语言的课程要学习，晚上还有书法、健身……

就不占用他的时间了，我们与老鹤互留了微信 2035 版，依依惜别，继续行走姑苏。伯虎兄则举起茶杯，以茶代酒告别，随口诵读起钱起的诗句：

竹下忘言对紫茶，全胜羽客醉流霞。

尘心洗尽兴难尽，一树蝉声片影斜。

第三节　小翔·指尖万象思泉涌

1

小翔，千禧一代。

走过一个街区，一幢"新苏式"建筑吸引着我们的目光。这幢楼不大，建筑亦是粉墙黛瓦的苏州风格。不过，从裸眼 3D 大屏的入驻企业标识墙和虚拟人物的前台看来，明显是一个创新创意类的产业园。

2035 年，这样的产业园很多。大型的在古城外，采用产业地产基金形式创建，汇聚国有、民营、入驻龙头企业的力量，进行较大规模的产城融合开发。小型的坐落在古城内，在城市更新中，依托原有的街道办企业厂区，或是其他单位用房进行改造，入驻了一批依托古城各类资源禀赋，与数字经济、文化创意、旅游、设计等相关的企业。

我们走入楼中，拜访一家知名的本土数字经济企业。

还好，笑着欢迎我们的管理者不是个虚拟人物。他叫小翔，是个出生于古城的千禧一代。2035 年的他，30 多岁的样子。

机器服务生，平移过来送上咖啡。伯虎兄尝了一口，微微皱了皱眉。

小翔介绍，这里原来是一幢 20 世纪末的老厂房，经过改造，现在是个数码创意产业园，有多家数字经济、文化创意类企业在此办公。他们公司创业之初就在这里，在相关政策的支持下，不断发展壮大。目前，已经是这一领域的"独角兽"企业。

他们公司开发的产品之一，就是"苏州古城数字孪生系统 2035 版"。这个版本从十年前的虚拟现实版本，已经迭代到混合现实版本，可以将古城全貌，以裸眼 3D 形式，直接呈现在大家眼前。

小翔用"非接触式手势识别"方式操作，双手一扭旋转整个古城，猛地向两侧一拉放大一个街坊，左手一抓聚焦到某一个街道，右手点击并悬停在一幢古建筑上……

当这栋古建老宅扩大在空中时，连一处花窗的纹路、一处柱础的雕刻都清晰显示；换一个视角，各种强电弱电、消防水路等分色流动，渗漏点、风险点报警功能完备；点击不同的体块，这幢楼的各类历史文化遗存信息、修复时间提醒等数据就跃入眼帘。

这一系统的核心底层数据平台，大可用于城市片区规划，小可用于单体文物保护；同时与全城的"智慧城市"管理系统无缝对接，用于环保、消防、警务、物管、配送等联动。

这一系统同时提供应用层开放数据平台，任何公司、个人都可以免费或付费进行再开发，有旅游版本供神游古城，有教育版本供学校授课，有元宇宙版本作社交用，有房产交易的，有门店推广的……而由此产生的各种数据，自动反馈导入核心数据平台，让底层数据得到最大限度的自我更新、实时更新。

我们笑着回忆，数字技术发展太快，十几年前，大家都得戴虚拟现实眼镜，操作更是离不开电线或是手柄，常有转昏绊倒或是手柄甩出去的事情发生。

伯虎兄一时没听明白我们在说什么，端着咖啡，盯着三维古城看得入神。

2

产业，古城的动力之源。

小翔指尖灵动，带着我们看一看古城内的产业发展。

2035年的古城，这里，区属国企发展集团伴随着古城更新步伐，不断盘活各类存量载体，"M+"系列产业园已经遍布古城。一大批民营产业园也根据自身特色发展。这些"小而美"的"微产业园"集聚度高、特色鲜明、人气满满，不仅为古城内的青年人提供就业机会，自身也成为嵌入54个街坊的一道道美丽风景。古城西北角的"姑苏云谷"中，数字经济发力；古城西南角的横塘驿站边，高端服务业扎堆；古城东南角的原化工厂500亩地块，已经成为研发集聚、绿色发展的样板。

2035年的古城，服务业态也在不断迭代。例如观前街已经结合周边地块，进行综合更新：通过"增厚"与"拔稀"，改变了一条街两面铺的传统步行街格局；通过餐饮区全面改造，引入音乐、运动等多种形式，吸引年轻客群，并与主街购物形态组合，形成购与憩的互补；通过地上地下空间改造，更好地导引人流；通过品牌店的增加、扩面，提升商业的品质，吸引高端客流。

2035年的古城，通过十多年的更新发展，不仅是建筑的更新，也是产业的焕新。古城内人口"逆向淘汰"的局面得到彻底改观。随着居住环境大幅提升，

第八章 云卷云舒，明日保护更新的典范

215

越来越多的人选择在古城居住生活。年轻人在古城内的文化创意、数字经济领域找到工作机会；老人在这里享受安逸的晚年生活和最佳的医疗条件；孩子们在这里得到各类优质教育。

未来的苏州古城，具备自身特色的产业竞争力。保护完整、不断更新的古城，适合与历史文化相关的文化创意、设计、旅游、数字经济产业发展；同时，古城独特的魅力，也吸引各类总部经济在这里布点发展。传统文化与现代产业交融、物理空间与数字空间交织的古城，以其古典魅力与现代功能，不仅满足各类人群的精神向往，更符合年轻人的发展需求。

3

青年，古城的活力之源。

咖啡的香气中，伯虎兄已经爱上了数字技术，他毕竟是个绘画高手，一下子就适应了三维视角和隔空操作。我们一个街坊一个街坊看过去，经过十多年城市更新后，这里都呈现了崭新的面貌，又融入古老的风格。

我们与小翔一起，探讨古城产业发展，探讨集聚青年力量。这里不仅有现代产业，也有各类休闲：古宅中的脱口秀，城墙上的精致露营，古桥边的时尚秀场，内城河上的划船俱乐部，园林中的沉浸式演出，咖啡馆中的昆曲表演……吸引年轻人的古城，一定是有美好未来的古城。

而小翔以其青年的思维，开始"脑风暴"：

古城在 20 世纪快速城市化之初，以城市能级、技术水平、财政实力，无法预测如今的多环线、多地铁，甚至多条铁路……因此在城市东西中轴线上拓宽了一条主干道，形成了两路夹一河，点缀园林小品、牌坊古迹的主干道，直接促进了世纪之交两翼新城的快速发展（图8-4）。

图 8-4　今日干将路

　　到了 2035 年，古城限行、全面公交的时代，不仅古城内各条道路的行人面积扩大，甚至可以在重点景观道路分时禁行。如果将古城的这条东西向主干道全面步行化，想象空间就能一下子拓展开来：

　　两条马路中间的河道适度扩宽，游船在干将河中穿行，可延伸至平江路等小河道，组成"威尼斯"式的交通，其实也是伍子胥时代的水路交通体系，可通达护城河、大运河，延伸至城外的"四角山水"。

　　河道驳岸适度坡化、柔化，天气晴好时，游客、居民在这里晒晒太阳，来个城市野餐。这样的"塞纳河"休闲氛围，非常适合年轻人；加上纯东方的建筑体系，打造面向世界、独具特色的浪漫之都。

　　整体空间适度有开、有阖。原先的两条主干道，有的地方适度拓宽，增加城市公共开放空间，例如将观前与子城空间打开，原先道路两侧的部分建筑降高，形成一片园林风格的"子城广场"，大量游客在此驻足留影；有的路段特意收窄，例如平江路片区与天赐庄片区，甚至加上几处小园、小宅，将原先在道路南北两侧的古风街坊，紧紧联系成一个整体，小巷、小河皆能自由穿行。

　　同时，进一步疏通城市公共空间脉络，促进市民便捷、无距离的交流。原来

的车行路面，有的增加城市雕塑，成为当代人文艺术空间；有的铺装健身步道、自行车道，让锻炼者自身成为一道风景；有的地方铺装亮丽色彩与各类设施，增加电子涂鸦墙、小型运动场、自行车道，让更多孩子在这里欢笑奔跑……

2 500多年历史的古城中，多了一个最美"4公里公园"！

而公园边的古建老宅，成了最抢手的载体，有的成为古城培育出的上市公司展厅，有的成为知名的酒店，有的成为高端品牌商店，有的吸引跨国公司的地区总部入驻……

既已走进未来，何妨尽情畅想？

…………

听到这里，伯虎兄不禁击节赞叹，诵读起高适的诗句：

> 千里黄云白日曛，北风吹雁雪纷纷。
>
> 莫愁前路无知己，天下谁人不识君。

第四节 我们·姑苏更新有华章

1

我们，不断更新。

2035年，苏州古城的保护与更新已经成为样板与典范。

"天下谁人不识君"，吸引了全球的目光。

我们与伯虎兄一同走进开放不久的苏州博物馆过云楼分馆。这里是古城内的25号街坊，离苏州博物馆不远，又称怡园过云楼片区。2022年，启动整体保护更新的规划设计工作。2035年，这片街坊不仅恢复了原有的建筑肌理，还以博物馆为主要业态，兼具居住功能，成为一个旅游即生活的样板区域。

与古城内苏博"中而新、苏而新"风格以及新城区内苏博西馆的"国际范"不同，这里的博物馆是完全的苏式建筑风格。2035年的博物馆，展陈既没有实物，也没有展板大屏，而是完全的沉浸式三维数码展示。在这里，更多的是对于苏州历史与文化的全景式展现。

伯虎兄已经完全掌握了操作方式，他隔空点击菜单选项，在岁月长河中采撷一朵朵记忆的浪花。再双击一下，浪花便猛地铺展开去，一个个历史场景在我们面前以360度全景立体方式展现。一时间金戈铁马、宏伟战阵将我们包裹在中央，一阵阵一声声高咏长歌从四面八方向我们涌来：

那是1.2万年前的旧时器时代，太湖中的三山岛上，"三山文化"的晨光微露，几个远古的身影，用燧石制造工具；

那是6000年前，城东草鞋山中，一群先民身披葛布，在木构房屋中生活，经营水田灌溉系统，以种植稻谷为生，"火耕水耨"艰苦，但农作时歌声阵阵；

那是公元前12世纪，泰伯拖家带口，"让王"让到千里，狂奔至梅里，收服一众当地人民，建立勾吴部落；

那是公元前514年，吴国在苏州建立都城后，孙武拜将、"三令五申"、吴楚大战、开凿邗沟、吴越争锋、"卧薪尝胆"的各种精彩片段；

那是汉末陆绩的"怀橘"与"廉石"，东晋竺道生的"生公说法"，西晋张翰的"莼鲈之思"；

那是大唐韦应物、白居易、刘禹锡"诗太守"的相继吟唱，皮日休、陆龟蒙"皮陆"的对坐共饮，张旭的草书，杨惠之的泥塑；

那是五代宋元时，钱氏始筑砖城，范仲淹创办府学，苏舜钦建园沧浪，文天祥镇守古城；

那是明清时，蒯鲁班建造的大殿，计成造的小园，魏良辅的"昆腔"，沈寿的刺绣，陆润庠"状元办厂"，俞樾著述不倦，吴门画派名作如云，吴门医派绵延传承……

伯虎兄兴冲冲地隔空点出自己的虚拟影像，那是一个巨大的三维展示，有桃花庵等建筑，有文徵明等朋友们，他的各种诗作在被人吟诵，他的画作也活动了起来……不过，看到自己在桃花树下的那一脸醉相，他以最快速度把这一段滑了过去。

对于古城持续更新的理解与诠释，近年来的素材更多：那一次次苏州历史文化名城领导小组会议，那一场场各种类型的专家咨询会议，那一张张全新的规划设计蓝图，那一处处保护更新项目的演进与发展，那一个个参与者的高见与笑颜……

2035 年，我们发现，常态化更新仍在这里进行着，有住宅小区改造，有街坊中的微更新项目，有适应新技术需求的市政项目，有商业业态的提升项目……

历史在不断演进。

我们的城市，在这个 2 549 年不动锚点上，继续有机更新。

2

我们，城区即景区。

按照 2022 年制定的"城区即景区、旅游即生活"的更新方略，经过十多年不断的城市更新，2035 年的苏州古城，已经成为一个大的景区：

这里，已经成为全域旅游示范样板区。"大景区"管理模式落地见效，随着古城保护更新的体制机制更加完备，古城内的重点保护项目深入推进。传统风貌肌理和街巷特色得到彰显，城区形象面貌和环境品质达到更高的标准，"东方水城""人间天堂"的对外影响力进一步扩大。

古建老宅、名人故居等历史建筑与顶级酒店品牌、知名企业总部、"非遗"

文化项目合作。中外游客参与"耦遇·魅力苏州""戏说·姑苏韵味""私享·浮生美食"等个性化旅行。各类旅游文创产品，例如基于山塘街七只狸猫石像创作的卡通"姑苏喵"IP，与苏州园林等世界文化遗产相结合的数字藏品，与昆曲、苏绣等"非遗"内容相关的创新作品，早已经走向了世界。

2035年的苏州古城，已经成为一个大的博物馆：

这里，是一座博物馆之城（图8-5）。既有苏博这样的大馆，也有一批特色馆、专业馆；既有政府办馆，也有一批民间收藏家的贡献。百余个博物馆如同珍珠，遍布古城各个街坊。在展陈上适应现代参观体验，技术迭代、跨界融合，吸引大量游客。随着古城更新的步伐加快，通盘考虑、串珠成线，形成多条知名的"博物馆游线"。

图 8-5　博物馆之城

游线中，处处园林、古塔、古桥、古井、文保建筑，以及更新后的一批微建筑、微街区、微街角"文化展示空间"，让一条条背街小巷成为"博物馆之旅"中的慢行区、探索区、休闲区，让一条条水巷河道体现"小桥、流水、人家"的画面感、既视感、融入感。在这些游线中，结合舟行等方式，结合昆曲等

"非遗"展示，结合苏式生活体验，将整个古城打造成为一个"可游、可赏、有思、有感"的大型博物馆。整个姑苏城，带着其中数不尽的文化艺术珍宝，承载着历史的波澜壮阔，将2 500多年的文明画卷缓缓铺展开来。

…………

3

我们，与世界对话。

未来的苏州古城，是独树一帜的历史文化名城。苏州古城不仅是苏州的古城、江苏的古城，更是全国的古城、世界的古城。我们将与世界的古城对话交流，共同探索古城保护与更新发展之路。

古今辉映、享誉中外的苏州古城将以"一河一巷尽入画，一街一坊皆盛景"的独特风貌和"城区即景区、旅游即生活"的独特体验，在全国140座历史文化名城中独树一帜，跻身世界一流历史文化名城之列。

在这里，通过长期的古城保护，以及十多年来的更新实践，已经形成了古城保护更新的"苏州样本"。2035年，一个盛大的国际古城保护峰会在苏州顺利召开，会议通过面向世界古城保护更新的《苏州倡议》，引起了国际上的广泛共鸣。

…………

我们，行走了古城内外，行走了千年，甚至还行走到了未来。

古城保护这一课题，充满无尽的文化与浪漫。

城市更新这一课题，充满无穷的激情与力量。

而将两者叠合相加，是过去的默默坚守，是如今的共同努力，是未来的丰硕成果！

我们将继续保护好城市历史文化遗产，通过不断的有机更新，把一个2 500多年的古城一代一代传承下去，努力描绘新时代的"姑苏繁华图"，提供展现中国文化自信的"苏州样本"。

小结　苏州之答

本书上半部分，提出了如何兼顾保护传承与更新发展的"古城之问"。通过下半部分的四章，读者不难发觉，一个"苏州之答"已经跃然纸上。

过去的苏州，做出了大量积极的探索：

全国第一批历史文化名城；率先在规划中提出"全面保护古城风貌"的城市；建设全国首个历史文化名城保护区的城市；以严格限高等措施、以街区街坊为单元进行更新的城市……

如今的苏州，正在以坚定的实践，做出保护与更新的"苏州之答"：

以"市领导小组+历史文化名城保护区管委会"形式创新机制；以"政府引导+市场运作+公众参与"模式推进整体更新；以"政府主导+市场运作"的名城集团作为主要平台重点推进；以"经营模式+政策性银行支持"探索可持续的城市更新模式；以"古城细胞解剖工程"作为底图探索城市更新数字化应用；积极探索符合古城"保护为先"的各类城市更新配套政策，创新各类城市更新支撑体系……

还记得第六章中引用的"5年只是苏州古城2 500年的千分之二"吗？我们将用实践，在下一个"千分之二""百分之二"的时间段落中，不断完善这一"苏州之答"，以期形成一整套系统完备的政策体系与实践模式，为其他历史文化城市探索出一条可借鉴、可复制的道路；努力在国际上形成示范引领，面向世界贡献古城保护与更新的"苏州方案""苏州样本""苏州共识"。

在这一座2 500多年的古城中，你、我，我们，都是幸运的建言者、贡献者、参与者、见证者……

后 记

行走，未停

作者是苏州土著，一直生活在烟雨江南。

先是在古城生活了 18 年：出生在沧浪亭西，成长在文庙之南，初中常停瑞云峰前，高中驻足碧霞池畔。

在南京大学待了 4 年后回到家乡，恰逢"保护古城 开发新区""古城居中 一体两翼"的快速城市化年代。从 1997 年起，在古城西边的高新区工作了整整 24 年。

学以致用是幸运的，大学学的是国际商务专业，在苏州外向型经济大发展的时代，做了 7 年外资招商工作；后来，先后在区办公室、研究室、出口加工区等多个部门任职，初尝文字工作的苦与乐，也初次累积了规划建设方面的经验。

工作期间，经区里批准，以 33 岁的"高龄"去剑桥大学国土经济系读了硕士，专业就是"规划、发展与城市更新"。不过，这个专业在当时有点儿超前，又一次幸运地学以致用，要等到十余年后的今天。

读书之余的闲暇，用脚步丈量剑桥这个古老的大学城。幸运的是，那年正是剑桥大学建校 800 年。观察多了，感悟就涌了出来，顺手点开了"技能树"上"写作"这个技能点，用 9 个章节，将 800 年剑桥写了个透：

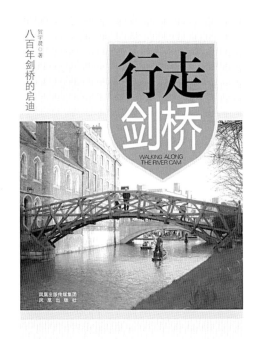

八百年剑桥的启迪

贺宇楼 著

行走剑桥

WALKING ALONG
THE RIVER CAM

凤凰出版传媒集团
凤凰出版社

《行走剑桥》

——凤凰出版社，2010 年

ISBN：978-7-80729-740-6

回到苏州后，先后调至生态城、区科技局、创业中心工作。在本书提及的苏绣之乡，熟悉了基层乡镇的情况；在强调科技创新的时代，服务了一批科技初创企业；在创业中心的产业园区运营中，初次累积了市场化经营理念。

可能是新的理念接触多了，也可能纯粹就是年纪渐长，个人对本土风物越来越有兴趣。不惑之年，工作之余，对家乡的历史文化有了一些积累。5 年没有动笔，手痒心痒。想着能否切口小些，就选了苏州园林，这个能够浓缩苏州历史文化的窗口。

如今回想起来，提笔就敢写珠玉在前、汗牛充栋的题材，实在胆子有点儿大。还好在专业度与可读性中找到了一个平衡的点位，获得了江苏省新闻出版广电局、江苏省出版工作者协会评选的 2015 年"苏版好书"：

后记

2017 年，调至国企工作，又是一个全新的领域。带领团队一起将规模营收利润翻番，使之成为 1 300 亿元规模的地方国企；也直接参与了本书提及的狮山广场、南大校区等重大项目建设。其间，提笔想写写企业管理的积累、地产品牌的打造、产业园区的运营，也都列了详细写作提纲，但奇怪的是，一直未能成书。

2021 年的最后一周，依依惜别工作多年的新城区，回到出生、成长的古城工作。恰逢 2022 这个古城保护与城市更新的关键之年。虽然古城内的每条街巷都熟悉而亲切，但毕竟是第八个全新的领域。按照个人习惯，一开始就全力吸收各类信息，以期尽快深入开展工作。

吸收学习的过程中，杂七杂八的工作积累、十余年前的专业知识、一个土著的家乡情结……源源不断涌了出来，又自然而然地串联起来。工作之余，在笔尖上排列组合，流淌成一本新书。忽然领悟，前几年的屡次搁笔，其实是在等着一本更为合适的"行走"：

《行走姑苏：城市更新　琢玉苏州》

——苏州大学出版社，2022年

【壹】三餐四季，浅尝苏州市域的风味
【贰】米字舒展，浅析苏州市区的形态
【叁】保护为先，浅谈历史城区的特点
【肆】他山之石，浅述城市更新的体系
【伍】不动如岳，往日苏州古城的架构
【陆】有机生长，昨日苏州古城的保护
【柒】琢玉姑苏，今日苏州古城的更新
【捌】云卷云舒，明日保护更新的典范

ISBN：978-7-5672-4082-7

　　与前面两本书相同，本书的第一读者、书评家，是如今已到耄耋之年的贺勃与程庆槐。感恩、感谢！

　　作为"行走"系列的第三本，这次胆子干脆更大些，直接写千年古城的城市更新。希望延续前作的风格，专业性与可读性兼备，古典诗文与现代语汇并重。讲得不对的地方，请方家海涵；讲得还算称心，就请来古城兜一兜、转一转、看一看；讲得有疏漏、不到位的地方，也有的是机会在再版时补充提升。

　　因为：

　　行走，从来未停……

后记

227